Owk Aniel Kumar
Lagudu Mutyala Naidu

Estudos etnomedicinais de Visakhapatnam, Andhra Pradesh, Índia

Owk Aniel Kumar
Lagudu Mutyala Naidu

Estudos etnomedicinais de Visakhapatnam, Andhra Pradesh, Índia

ScienciaScripts

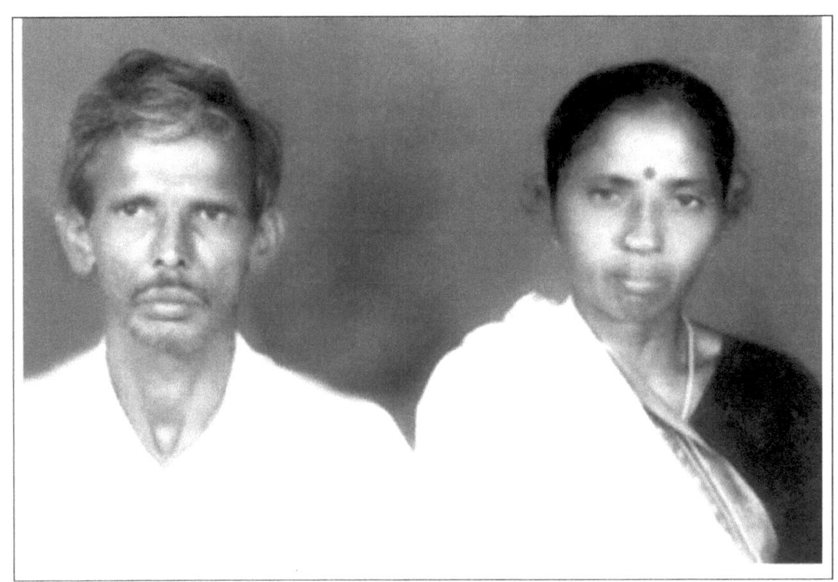

Dedicado aos meus queridos pais, Sri L. Appala Naidu e Smt. L. Appala Konda

AGRADECIMENTOS

O. Aniel Kumar, Chefe do Departamento de Botânica da Universidade de Andhra, pelos seus esforços incansáveis e pela sua orientação competente, que só me permitiram concluir o meu trabalho de investigação, de acordo com o calendário aprovado pela Universidade. O Prof. O. Aniel Kumar, Chefe do Departamento de Botânica da Universidade de Andhra, pelos seus esforços incansáveis e pela sua orientação competente, que só me permitiram concluir o meu trabalho de investigação de acordo com o calendário aprovado pela Universidade.

M. Venkaiah, Departamento de Botânica, Universidade de Andhra, pela identificação das espécies vegetais e pela sua valiosa contribuição através de discussões críticas na preparação deste trabalho de tese.

Agradeço sinceramente ao *Prof. K. Uma Devi*, Presidente do Conselho de Estudos, Departamento de Botânica, Universidade de Andhra, pela sua cooperação e orientação inestimável para a conclusão bem sucedida deste estudo.

Estou extremamente grato aos meus queridos colegas *Subba Tata, Appa Rao, Rupavathi, Krishna Rao, Mallikarjuna, Jyothirmayee, Tarakeswara Naidu, Prakash Rao e Srinivas*, que sempre que necessário se associaram a mim no âmbito deste trabalho.

Aproveito esta oportunidade para manifestar o meu apreço à minha querida família pelos seus inestimáveis sacrifícios. Nenhum dos esforços teria sido possível sem o encorajamento, a paciência e o apoio da tese que me inspirou e guiou, sem a qual a realização de uma tarefa desta natureza não teria sido alcançada.

Devo os meus agradecimentos especiais ao UGC-SAP, Departamento de Botânica, Universidade de Andhra por me ter concedido ajuda financeira para completar o meu trabalho de tese.

Finalmente, devo agradecer ao IMTECH, Chandigarh, por ter fornecido culturas bacterianas e fúngicas para a realização deste trabalho de investigação.

Por último, mas não menos importante, agradeço ao Centro de Documentação pela paciência na redação do manuscrito.

L. Mutyala Naidu

LISTA DE ABREVIATURAS

Lmn	L. Mutyala Naidu
Oak	O. Aniel Kumar
Cm	Centimeter
d	Days
DC	de Candolle
E	English Name
Fig	Figure
Fl&Fr	Flowering and fruiting
FBI	Flora of British India
FPM	Flora of Presidency of Madras
f	Filius
Kg	Kilogram
g	Gram
H	Hindi Name
h	Hours
L.	Linnaeus
m	Meter
mn	Minutes
ml	Milliliter
mm	Millimeter
PTGs	Primitive Tribal Groups
Km^2	Square Kilometer
VN	Vernacular Name
WHO	World Health Organization

ÍNDICE DE CONTEÚDOS

I. INTRODUÇÃO

As plantas medicinais desempenham um papel crucial na prestação de cuidados de saúde primários às populações humanas, desde o início da civilização. O conhecimento das plantas medicinais foi acumulado a partir de diferentes sistemas medicinais, como Ayurveda, Unani e Sidda. Na Índia, é relatado que os curandeiros tradicionais usam 2.500 espécies de plantas e 100 espécies de plantas servem como fonte regular de medicamentos (Prabhu e Kumuthakalavalli, 2012). Durante as últimas décadas, tem-se assistido a um interesse crescente no estudo das utilizações tradicionais de plantas medicinais em diferentes partes do mundo, principalmente devido a muitos problemas associados aos medicamentos sintéticos e à emergência de agentes patogénicos multirresistentes (Singh *et al.*, 2012). O conhecimento medicinal tradicional das plantas medicinais e a sua utilização por cultivares indígenas não são apenas úteis para a conservação dos cuidados de saúde culturais e o desenvolvimento de medicamentos no presente e no futuro. Há benefícios económicos consideráveis no desenvolvimento de medicamentos indígenas e na utilização de plantas medicinais para o tratamento de várias doenças.

A Índia é dotada de um enorme património de plantas medicinais (Maheswari, 2011; Parveen e Srivastava, 2012) e é justamente designada como o "Jardim Medicinal" do mundo. A diversidade climática e a topografia regional da Índia são responsáveis pela rica diversidade vegetal (Chittibabu e Parthasarathy, 2000 e 2001). A Índia é um dos 12 países de megabiodiversidade do mundo, com uma vegetação rica e uma grande variedade de plantas com valor medicinal. Mais de 550 comunidades tribais estão abrangidas por 227 grupos étnicos que residem em cerca de 5 000 aldeias da Índia em diferentes florestas e tipos de vegetação (Sikarwar, 2002). Em muitos países, foram iniciadas investigações científicas sobre plantas medicinais devido à sua contribuição para os cuidados de saúde. É também necessário recolher informação sobre o conhecimento de medicamentos tradicionais, preservado em comunidades tribais e rurais de várias partes da Índia, antes que se perca permanentemente. Recentemente, foram comunicados vários estudos etnobotânicos para expor os conhecimentos das várias tribos da Índia. A documentação dos conhecimentos indígenas através de estudos etnobotânicos é importante para a conservação dos recursos biológicos, bem como para a sua utilização sustentável. Existem mais de 8.000 espécies de plantas medicinais no seu habitat natural. Os sistemas indianos de medicina (ISM) como a Ayurveda, Siddha, Unani e a Homeopatia utilizam cerca de 2000 espécies de plantas.

A Índia está sentada numa mina de ouro de conhecimentos de fitoterapia tradicionalmente bem praticados, mas mal registados. Por conseguinte, a medida de conservação *ex-situ* através da criação de jardins regionais e sub-regionais de plantas etnomedicinais, que deveriam conter acessos de todas as plantas medicinais conhecidas das diferentes comunidades tribais e das diferentes regiões da Índia, reflectindo a nossa história cultural e etnomedicinal e representando tradições vivas dos conhecimentos da nossa sociedade sobre plantas medicinais, seria de grande utilidade para a posteridade.

Uma estimativa da Organização Mundial de Saúde (OMS) demonstra que cerca de 80 % da população mundial depende de produtos naturais para os seus cuidados de saúde, uma vez que os efeitos secundários e o custo da medicina moderna continuam a aumentar (Ramesh kumar e Janagama, 2011). Na Índia, 65 % da população depende da etnomedicina, que é a única fonte das suas necessidades de cuidados de saúde primários (Rajasekharan *et al.*, 1996). As investigações revelaram que os habitantes locais dependem principalmente das práticas medicinais locais, que constituem uma parte importante do sistema de cuidados de saúde primários nos países em desenvolvimento (Sheldon *et al.*, 1997). Os medicamentos à base de plantas são comparativamente mais seguros do que os medicamentos artificiais. Os conhecimentos tradicionais baseados nas plantas tornaram-se um instrumento organizado na investigação de novas fontes de medicamentos e neutracêuticos. As utilizações de plantas medicinais foram avaliadas por vários investigadores (Rajadurai *et al.*, 2009; Dhatchanamoorthy *et al.*, 2013; Rama Rao e Naidu, 2002; Vidyanathan *et al.*, 2013; Padal *et al.*, 2010 e 2014). No entanto, os curandeiros tradicionais estão a diminuir em número ao longo dos anos de modernização. Assim, torna-se responsabilidade da comunidade científica desvendar a informação e documentá-la para disponibilização a todo o mundo para ajuda dos seres humanos.

No passado, foram efectuados vários estudos sobre plantas etnomedicinais e medicamentos à base de plantas, tendo sido relatada a utilização de plantas para fins medicinais por tribos em vários países. O estudo etnobotânico pode revelar muitas pistas diferentes para o desenvolvimento de medicamentos para o tratamento de doenças humanas. Os remédios indígenas seguros, eficazes e baratos estão a ganhar igual popularidade entre as pessoas das zonas urbanas e rurais, especialmente na Índia e na China (Katewa *et al.*, 2004). A etnobotânica é o estudo científico das relações que existem entre as pessoas e as plantas. Desde o início da civilização, as pessoas têm utilizado as plantas como medicamentos.

Talvez desde a Idade da Pedra que se acredita que as plantas têm poderes curativos para o homem. Os antigos Vedas, que datam de 3 500 a.C. a 800 a.C., revelam muitas referências a plantas medicinais. Uma das obras mais remotas da medicina tradicional à base de plantas é o "Virikshayurveda", elaborado ainda antes do início da era cristã. Até mesmo o "Rig-veda", uma das mais antigas obras indianas, foi escrito por volta de 2.000 a.C. A utilização não só em cerimónias religiosas, mas também em preparações medicinais. A etnomedicina é um termo contemporâneo que engloba toda a gama de crenças, práticas e comportamentos étnicos em relação à saúde e à doença, tal como concebidos nas sociedades tribais, camponesas e pré-industriais (Gogoi, 2014). A etnomedicina tem sido reconhecida como um importante campo de investigação antropológica atual. Muitas comunidades rurais do mundo estão longe da investigação de medicamentos e médicos modernos e essas comunidades ainda dependem de sistemas medicinais tradicionais. Para os cuidados de saúde primários, muitas pessoas do mundo moderno continuam a recorrer à etnomedicina a nível básico. No seu livro Medicine, Magia and Religion (Medicina, Magia e Religião), WHR Rivers defende que as práticas medicinais indígenas, que podem parecer irracionais para os ocidentais, são racionais quando colocadas no contexto mais alargado das crenças e da cultura locais (Rivers, 1924). A antropologia medicinal, um importante ramo da antropologia. Preocupa-se sobretudo com a relação entre as perturbações da saúde, por um lado, e os factores culturais, as crenças e as percepções, por outro. A antropologia médica aplicada tem atualmente um carácter interdisciplinar que trabalha com a sociologia, a demografia médica e a sociologia. O facto mais importante da medicina tradicional é a forma como está integrada em toda uma cultura. A antropologia explica como a perspetiva emic de uma comunidade em relação à saúde molda os seus comportamentos de saúde.

A utilização de informação etnobotânica na investigação de plantas medicinais tem vindo a sofrer alterações consideráveis em segmentos da comunidade científica e tornou-se um tópico de importância global com impacto tanto na saúde mundial como no comércio internacional. A importância das plantas medicinais nas práticas tradicionais de cuidados de saúde fornece pistas para novas áreas de investigação (Ayyanar, 2012). As pessoas que vivem em aldeias e zonas remotas dependem completamente dos recursos florestais para satisfazer as suas necessidades quotidianas, como medicamentos, alimentos, combustível e artigos domésticos. A utilização da medicina tradicional continua a ser generalizada nos países em desenvolvimento, enquanto a utilização da medicina alternativa complementar (CAM) está a aumentar rapidamente. Uma crença comum é que os remédios vegetais são naturalmente superiores aos medicamentos sintéticos e que não são prejudiciais para os seres humanos. Este conhecimento está, no entanto, a diminuir rapidamente devido às mudanças para um estilo de vida mais ocidental e à influência do turismo moderno. Prevê-se que milhares de espécies de plantas medicinais estejam a enfrentar ameaças à sua existência no mundo e que algumas delas se tenham extinguido. Para satisfazer as necessidades futuras, o cultivo de plantas medicinais tem de ser incentivado. Ainda há muito que podemos aprender com a investigação de ervas disponíveis em abundância nas florestas, particularmente as menos conhecidas. Este tipo de investigação requer uma abordagem multidisciplinar, o que inclui conhecimentos especializados nos domínios da etnobotânica, da etnofarmacologia e da fitoquímica.

Os principais objectivos do presente inquérito são

➢ recolha, identificação e documentação das plantas utilizadas pela comunidade tribal,

➢ um estudo de exploração extensivo e intensivo na área para registar informações em primeira mão dos praticantes tribais,

➢ análise taxonómica e avaliação sistemática de plantas produtoras de drogas,

➢ estudar a análise fitoquímica preliminar e a atividade antimicrobiana de algumas plantas medicinais selecionadas utilizadas pelas tribos e

➢ Devem ser explorados os meios de proteção, conservação e preservação das plantas medicinais e das práticas etnomedicinais em prol da saúde e da vida saudável das populações tribais.

II. REVISÃO DA LITERATURA

A Índia é conhecida pelo seu património antigo em matéria de plantas medicinais e medicamentos desde o tempo do Rig Veda (4500-1600 a.C.), que é o livro mais antigo do mundo. A Ayurveda, o sistema de medicina indígena da Índia, remonta à época védica (1500-800 a.C.). Os arianos védicos conheciam bem as plantas medicinais. O Atherva Veda trata de cerca de 288 plantas, ao passo que o Yujur Veda refere 82 plantas. Mais tarde, surgiram o Charaka samhita (1 000-800 a.C.) e o Shruta samhita (800-700 a.C.), as obras sobre plantas mais importantes do sistema de medicina indiano. O sistema Unani, que teve origem na Grécia em cerca de 400 a.C., chegou à Índia através de médicos árabes que acompanhavam os invasores mogóis e passou a ser conhecido como Unani-Tibb. Acredita-se que o sistema Siddha, com uma história registada desde cerca de 2000 a.C., tenha tido origem no Senhor Shiva e a sua utilização tornou-se mais comum na civilização Dravidiana.

O nosso país, com 45.000 espécies de plantas e 590 comunidades tribais de 160 grupos linguísticos que residem em diversas regiões climáticas e geográficas, tem uma flora e fauna distintas, uma cultura variada e um sistema tradicional valioso que proporciona empórios etnomedicinais. Das 15 000 espécies de plantas com flor, um total de 3 200 taxa foram até agora investigados como taxa medicinais. Estes factores são importantes para a riqueza da etnomedicina e também para a sua singularidade (Jain, 1997).

O sistema indiano de medicina herbal e as suas drogas vegetais chamaram a atenção do Ocidente desde o início. Garcia de Orta (1563), o médico pessoal do governador português na Índia, publicou os seus colóquios sobre as amostras e as drogas da Índia em 1563, que foram publicados em 12 volumes sobre as plantas medicinais de Kerala (1678-1703). Outras contribuições são: um catálogo das plantas e drogas medicinais da Índia (Fleming, 1810) e Meteria Medica of Hindoostan (Ainslie, 1813). Atkinson, (1882) publicou 12 volumes do Gazetteer of North West Provinces of India, dos quais 3 volumes dizem respeito aos Himalaias de Kumaon. O segundo volume tratava da botânica económica das plantas utilizadas como forragem pelo homem e pelos animais, das plantas comestíveis selvagens e cultivadas utilizadas na farmácia e na preparação de óleos, corantes, gomas e resinas.

Hernandery, (1570-15) estudou a flora e a fauna do México em relação ao homem e escreveu um relato exaustivo em 16 volumes de fólio. Este é o primeiro registo oficial de uma expedição científica na história e continua a ser utilizado como fonte de estudo (De, 1968). Na China, Lishichen, (1590) publicou um livro de ervas "Pantsa Kang Mu", um registo de todos os conhecimentos sobre plantas medicinais. Powers, (1873-1874) utilizou o termo "botânica aborígene", que significava o estudo das plantas utilizadas pelos aborígenes como alimento, medicamento, abrigo, têxteis, plantas ornamentais, etc. Bodding, (1925 e 1927) publicou notas sobre o sistema de medicina praticado pelos Santals. Passou 30 anos com eles e registou 373 espécies utilizadas por eles. Lorrain, (1940) mencionou alguns medicamentos tradicionais utilizados pelos Lushais de Mizoram. Os estudos sobre etnobotânica foram iniciados por Janaki Ammal (um citogeneticista de renome) como um programa oficial na secção de botânica económica do Botanical survey of India desde o seu início em 1954 e publicou um artigo sobre a economia de subsistência da Índia (Janaki Ammal, 1956). Jain, (1963 a) registou plantas utilizadas pelas tribos de Madha Pradesh. (1963 b, c) intensificou os seus estudos sobre as plantas medicinais utilizadas por essas tribos. Tarafder e Jain, (1963) apresentaram remédios de plantas nativas para a mordedura de cobra entre os adivasis da Índia central. Rolla, (1964) fez observações sobre a vegetação da zona das agências Rampa e Gudam dos Ghats Orientais. Pal e Benerjee, (1971) relataram alimentos vegetais menos conhecidos entre as tribos de Andhra Pradesh e Orissa. Jain *et al.,* (1973) estudaram as plantas medicinais e alimentares das tribos Chenchu, Reddi, Valmiki e Gonda de Andhra Pradesh e das tribos Saora e Kondh em Orissa. Borthakur, (1976) registou utilizações medicinais entre Karbi Anglong das colinas Mikir de Assam.

Maheswari *et al.,* (1980, 81) referiram 62 espécies de plantas utilizadas como medicamentos pelos Tharus do distrito de Khari, no Uttar Pradesh. O estudo de Ayensu (1981) sobre as plantas medicinais das Índias Ocidentais tratava de medicamentos derivados de plantas e utilizados no tratamento de diferentes doenças e afecções. Saxena e Vyas, (1981) referiram espécies de plantas utilizadas por Kols, Gondas, Ludhas e Gujjars do distrito de Banda do Uttar Pradesh contra várias infecções. Rao e Shampu, (1981) investigaram os Garos de Meghalaya e registaram 25 espécies utilizadas por eles para alimentação, 24 para medicina, 5 para veneno de peixe, 7 para fibra, 3 para corantes, 4 para crenças mágico-religiosas e 10 para fins diversos. Rao e Jamir, (1982 a, b) registaram espécies de plantas utilizadas como medicamento pelos Nagas de Nagaland. Niteswar e Kumar, (1983) registaram a medicina folclórica de Addateegal agency tracts do distrito de East Godavari. Yogendra kumar *et al.,* (1987) registaram 74 espécies de plantas utilizadas pelas tribos Khasi e Jaintia de Meghalaya. Bhatt e Sabnis, (1987) registaram 41 espécies de plantas utilizadas pelas tribos Bhil, Nayaka, Dhanka e Dubada da região de Khedbranme no Norte de Gujarat. Singh *et al.,* (1987) registaram plantas etnomedicinais do Terai no distrito de Gorakupur de Uttar Pradesh. Basi Reddi *et al.,* (1988) registaram 64 drogas brutas utilizadas pela tribo Chenchu da floresta de Nallamalai no distrito de Kurnool. Reddy *et al.,* (1988) efectuaram um levantamento das plantas da tribo Chenchu e das drogas brutas das plantas medicinais do distrito de Ananthpur.

Basi Reddi *et al.,* (1989) efectuaram um levantamento das plantas medicinais utilizadas como medicamentos em bruto pelos chenchus do distrito de Anantapur. Hemadri e Rao, (1989 a) documentaram reivindicações folclóricas dos distritos de Koraput e Plaulbani de Orissa. (1989 b) relataram alguns remédios populares praticados pelas tribos Gond, Halba, Maria, Ambhuj marai, Dandami maria, Bhatra e Dorla do distrito de Bastar, em Chhattisgarh. Rao, (1989) investigou 30 medicamentos à base de plantas interessantes utilizados pelas tribos Garo de Meghalaya. Singh e Maheswari, (1989) referiram 40 plantas utilizadas pela tribo Tharu do distrito de Bahraich de Uttar Pradesh como remédios tradicionais à base de plantas. Joshi, (1989) apresentou uma descrição das plantas utilizadas em etnomedicina, com especial referência ao parto e aos cuidados infantis por Bhils, Garasias, Damaors, Korthodies e Sahariyas do Rajastão. Rajasekharan *et al.* (1989) concluíram estudos etnomédico-botânicos de Cheriya Aryan e Valley Aryan de Kerala com a ajuda das tribos Kani. Nagaraju e Rao, (1989) registaram 26 espécies de plantas utilizadas pelas tribos de Rayalaseema para a diabetes. Bhattarai, (1990) relatou 51 receitas empiricamente aceites envolvendo 36 espécies de plantas pertencentes a 36 géneros e 27 famílias recolhidas no distrito de Kabhre Palanchock no centro do Nepal. Mukherjee e Namhata, (1990) registaram 24 espécies de plantas utilizadas por tribos do distrito de Sundargarh em Orissa. Shah e Singh, (1990) registaram utilizações medicinais até então não comunicadas de 24 espécies de plantas utilizadas por Gonds, Korkun, Bharies e Baiges de Madhya Pradesh. Jamir e Rao, (1990) registaram plantas medicinais utilizadas pelas subtribos Zealang de Nagaland.

Bhattarai, (1993 a) estudou as utilizações medicinais populares de plantas para doenças respiratórias no Nepal central. Bhattarai (1993 b) registou 48 espécies de importância etnomedicinal, incluindo uma espécie de fungo para tratar a diarreia e a disenteria na região central do Nepal. Joshi, (1993) registou medicamentos utilizados como remédios populares contra picadas de cobra e picadas de escorpião e etnomedicina de Kathodies do Rajastão. Tiwari e Padhya, (1993) descreveram 26 espécies de plantas utilizadas etnomedicinalmente pelos Gonds dos distritos de Chandrapur e Gadahivoli de Maharashtra. Singh e Maheswari, (1994) explicaram a fitoterapia tradicional de alguns medicamentos utilizados pelos Tharus de Nainital, Uttar Pradesh. Upadhye *et al.,* (1994) descreveram plantas medicinais utilizadas pelas tribos do Maharashtra ocidental. Chhetri, (1994) referiu 36 plantas medicinais utilizadas pelos Khasis no distrito de Khasi hills de Meghalaya para diferentes doenças. Sudarsanam e Rao, (1994) estudaram 31 drogas vegetais em bruto utilizadas pela tribo yanadi no distrito de Nellore. George, (1995) estudou a farmacopeia de 108 espécies medicinais de 52 famílias, cinquenta por cento da farmacopeia é composta por espécies indígenas de Tonga, 30 por cento por espécies introduzidas pelos colonos da Poynesia e 20 por cento por espécies introduzidas depois da Europa. As plantas mais utilizadas na medicina tonganesa são plantas polivalentes e são utilizadas para tratar vários tipos de doenças, enquanto outras espécies são mais frequentemente utilizadas para tratar uma única doença. Girach e Aminuddin, (1995) relataram utilizações etnomedicinais de 46 espécies de plantas entre tribos do distrito de Singbhum de Bihar. Verma *et al.,* (1995) registaram 17 plantas etnomedicinais utilizadas por Biga na fitoterapia tradicional no distrito de Shahdul de Madhya Pradesh. Sahoo e Mudgal, (1995) referiram utilizações etnomedicinais menos conhecidas de 23 espécies de plantas no tratamento de algumas doenças pelas tribos do distrito de Phulbani em Orissa. Rao *et al.,* (1996) relataram 27 espécies de plantas utilizadas etnomedicinalmente por tribos das colinas de Tirumala do distrito de Chittoor para doenças dentárias.

Jain e Sharma, (1996) estudaram a etnobiologia da tribo Sharia da Índia central. Jha e Varma, (1996) documentaram 58 plantas comuns entre as tribos que habitam os montes Rajamahal da divisão de Santhal Paragana de Bihar. Mohanty *et al.,* (1996) registaram 49 espécies de plantas para a diarreia utilizadas pelas tribos Saora e Kondh nos distritos de Ganjam e Phulbani de Orissa. Das, (1996) referiu utilizações menos conhecidas de plantas entre os Adis de Arunachal Pradesh. Vadavathy e Mrudula, (1996) examinaram os medicamentos tradicionais praticados pelos Yandis. Balaji Rao *et al.,* (1996) referiram 25 espécies de plantas utilizadas por tribos das colinas de Tirumala do distrito de Chittoor como remédios folclóricos para a caspa. Goud e Pullaiah, (1996) referiram 40 plantas silvestres utilizadas pelas tribos como alimento no distrito de Kurnool. Rama Rao e Henry, (1996) relataram as práticas etnomedicinais de comunidades tribais no distrito de Srikakulam. Hemambara Reddy, (1996) registou a utilização de drogas vegetais brutas para picadas de cobra por Chenchus das colinas de Nallamalai.

Gill *et al.,* (1997) estudaram 39 espécies de plantas medicinais pertencentes a 20 famílias de dicotiledóneas e 6 famílias de monocotiledóneas utilizadas em práticas e crenças fitoterapêuticas pelo povo Bini na Nigéria. Singh *et al.*, (1997) forneceram informações em primeira mão sobre 30 plantas medicinais utilizadas pelas tribos Tripuri de Tripura para o tratamento de diferentes doenças. Jamir, (1997) relatou as ervas medicinais utilizadas pelas tribos Naga de Nagaland. Bala Subramanian *et al.*, (1997) referiram 25 espécies de plantas utilizadas pelos Irulas do distrito de Coimbatore de Tamil Nadu como medicina popular. Rawat *et al.*, (1997) forneceram notas sobre as tribos mompa de Arunachal Pradesh e as plantas por elas utilizadas como medicamentos e legumes, etc. Vedavathy *et al.*, (1997) registaram 202 plantas medicinais utilizadas pelas tribos do distrito de Chittoor. Rajasekhar *et al.*, (1997) referiram alegações populares de Sugalis para o tratamento da paralisia. Manandhar, (1998) documentou as utilizações de 42 espécies de 39 géneros em 24 famílias pertencentes a dicotiledóneas, enquanto 4 espécies de 4 géneros em 4 famílias pertenciam a monocotiledóneas e 1 espécie pertencia a pteridófitas para curar 17 tipos de doenças pela tribo Route do Nepal Ocidental. Kaushal Kumar e Goel, (1998) trataram das plantas pouco conhecidas ou novas de importância etnomedicinal das comunidades Southal e Paharia na região de Santhal Paragana de Bihar. Vijaya Kumar e Pullaiah, (1998) forneceram informações em primeira mão sobre 50 plantas etnomedicinais tradicionalmente utilizadas pelas tribos do distrito de Prakasam.

Ong e Norzatina, (1999) documentaram informações sobre a utilização de cinquenta e quatro espécies de plantas para várias doenças durante um inquérito sobre a utilização da fitoterapia malaia na povoação de Gemenanah, estado de Negri Sembilan, na Malásia. Topno e Ghosh, (1999) estudaram as utilizações etnomedicinais de algumas plantas pelas tribos Munda de Chotanagpur de Bihar. Satapathy e Brahmam, (1999) descreveram quarenta e duas plantas etnomedicinais utilizadas por tribos do distrito de Jaipur de Orissa. Siwakoti e Siwakoti, (2000) relataram as plantas utilizadas etnomedicinalmente pela tribo Satar do Nepal. Kshirsagar e Singh, (2000 a) trataram de 33 plantas medicinais que estão a ser utilizadas pela tribo Jenukuruba do distrito de Mysore de Karnataka. Khanna e Ramesh, (2000) apresentaram uma descrição das utilizações etnomedicinais de 50 espécies de plantas conhecidas entre a tribo Gujjar do distrito de Sahavanpur de Uttar Pradesh. Anis *et al.*, (2000) relataram aplicações terapêuticas de 102 espécies de plantas utilizadas por Saharia da divisão florestal de Gralior em Madhya Pradesh. Mukherjee *et al.*, (2000) registaram 44 espécies de plantas utilizadas etnomedicinalmente por tribos do distrito de Bankura em Bengala Ocidental. Hemambara Reddy, (2000) apresentou estudos médico-botânicos de medicamentos brutos de Amaranthaceae utilizados por tribos.

Rajendran *et al.*, (2001) revelaram 36 espécies de plantas utilizadas como etnomedicamentos pelas tribos Valaya de Seithur hills, Southern Western Ghats, Tamil Nadu. Viswanathan *et al.*, (2001) registaram 56 etnomedicamentos utilizados em 49 preparações pelos Kanis na reserva de tigres Kalakked Mundanthurai de Tamil Nadu. Girach, (2001) registou utilizações etnomedicinais de 31 espécies de plantas utilizadas pela população tribal Saora nas colinas Mahendragiri de Orissa. Sharma e Singh, (2001) registaram alguns medicamentos à base de plantas menos conhecidos utilizados tradicionalmente pelas tribos de Dadra e Nagar Haveli. Muralidhar Rao e Pullaiah, (2001) referiram 50 espécies de plantas utilizadas como medicamentos pelas tribos do distrito de Guntur. Jeevan Ram e Raju, (2001) referiram 45 espécies de plantas utilizadas pelas tribos de Nalla malais para doenças de pele. Rajendran *et al.,* (2002) registaram 36 espécies de plantas utilizadas etnomedicinalmente pelas tribos de Valaya nas colinas de Seithur do distrito de Virudhnagar de Tamil Nadu. Arya, (2002) registou 19 plantas comuns utilizadas tradicionalmente por Bhotias de Dronagiri, uma colina mítica em Uttaranchal. Jeevan Ram *et al.,* (2002) registaram 48 plantas medicinais utilizadas por Sugalis das florestas de Gooty do distrito de Anantapur.

Mac Donald Idu e Omoruji, (2003) registaram 37 espécies de plantas etnomedicinais utilizadas no tratamento de diferentes doenças pelas tribos Higgi do estado de Admawa, na Nigéria. Sen e Behera, (2003) registaram 78 plantas etnomedicinais utilizadas por diferentes tribos no distrito de Bargarh de Orissa contra doenças de pele. Rodrigues e Carlini, (2004) registaram as plantas utilizadas pelo grupo Quilomba no Brasil com potenciais efeitos no sistema nervoso central. Ganesan *et al.,* (2004) mencionaram 45 espécies de plantas utilizadas medicinalmente pelas tribos Paliyan e Pulayan das colinas inferiores de Palni de Tamil Nadu. Srivastava e Sekar, (2004) descreveram aplicações etnomedicinais de 10 espécies de plantas por Bhotis do parque nacional de Pin valley de Himachal Pradesh. Maliya, (2004) destacou os usos de 16 plantas etnomedicinais utilizadas pela tribo Theru no distrito de Bahraiah de Uttar Pradesh. Augustine e Sivadasan, (2014) reconheceram mais de 180 espécies de plantas utilizadas etnomedicinalmente por tribos da floresta de reserva do tigre Periyar de Kerala. Nayak *et al.,* (2004) registaram 39 espécies de plantas utilizadas etnomedicinalmente por tribos do distrito de Kalahandi de Orissa.

Udayan *et al.,* (2005) enumeraram as utilizações etnomedicinais tradicionais de 51 plantas pertencentes a 36 famílias utilizadas pela comunidade Chellipole do distrito de Namakkal, Tamil Nadu. Praveen Kumar *et al.,* (2005) registaram o conhecimento indígena de 35 espécies de plantas entre os malanis do distrito de Kullu, Himachal Pradesh. Venkataratnam e Venkata Raju, (2005) debruçaram-se sobre a medicina popular utilizada pelos adivasis dos Ghats Orientais para tratar doenças comuns das mulheres. Idu *et al.,* (2006) trataram de 21 espécies de árvores utilizadas pela tribo Bachama do estado de Adamawa, na Nigéria, para tratar várias doenças. Jadav, (2006) forneceu informações sobre 62 espécies de plantas pertencentes a 57 géneros de 40 famílias utilizadas para diferentes doenças pela tribo Bhil de Bibdod, Madhya Pradesh. Sankarasivaraman e Ignacimuthu, (2006) registaram as plantas etnomedicinais utilizadas pela tribo Paliyar no distrito de Madurai, Tamil Nadu. Das e Hui-Tag, (2006) registaram 45 plantas medicinais utilizadas pela tribo Khamti de Arunachal Pradesh. Behra *et al.,* (2006 b) forneceram informações em primeira mão sobre a utilização de 98 espécies de plantas de 93 géneros e 59 famílias contra 127 doenças utilizadas pelos Kandhas do distrito de Kandhamal em Orissa. Rao *et al.,* (2006) forneceram informações sobre 11 plantas medicinais pertencentes a 10 famílias, utilizadas pelos Khonds para o tratamento de várias doenças no distrito de Visakhapatnam.

Rahman *et al.,* (2007) registaram 198 espécies de plantas com os seus nomes locais (Chakma) utilizadas para a cura de pelo menos 78 doenças pela tribo Chakma em distritos montanhosos do Bangladesh. Jadav, (2007 a) registou 17 espécies de plantas de 17 géneros pertencentes a 13 famílias para o tratamento da febre tifoide pela tribo Bhil do distrito de Ratlam de Madhya Pradesh. Ele (2007 b) também descobriu que 15 espécies pertencentes a 15 géneros de 10 famílias são muito eficazes no tratamento de doenças das articulações. Udayan *et al.,* (2007 a) enumeraram os usos tradicionais de

27 plantas utilizadas pelas tribos Mala pandaram da floresta de Achenkovil do distrito de Kollam, Kerala. (2007 b) registaram informações sobre as utilizações medicinais de 37 plantas recolhidas junto das tribos Kattunayakas do santuário de vida selvagem de Mudumalai, distrito de Nelgiris, Tamil Nadu. Yasodharan e Sujana, (2007) recolheram dados sobre 80 plantas medicinais utilizadas para curar doenças comuns na tribo Malamalsar do santuário de vida selvagem de Parambikulam, Kerala. Thulsi Rao *et al.*, (2007) estudaram a importância etnomedicinal de 15 espécies utilizadas como remédios à base de plantas para o tratamento de doenças do fígado no distrito de Kamrup em Assam. Prakash *et al.*, (2008) registaram as utilizações etnomedicinais de 15 espécies de plantas pertencentes a 13 famílias utilizadas pela tribo Kani da reserva da biosfera de Agasthiyarmalai, Southern Western Ghats. Ayyanar *et al.*, (2008) registaram 10 plantas medicinais utilizadas para o tratamento da diabetes entre dois grandes grupos tribais no Sul de Tamil Nadu. Ramya *et al.*, (2008) enumeraram 27 espécies de plantas etnomedicinais distribuídas por 16 famílias utilizadas pelas tribos Malayali nas colinas Vattal de Dharmapuri, Tamil Nadu. Ramarao Naidu *et al.*, (2008) apresentaram 38 espécies de plantas pertencentes a 30 famílias utilizadas no distrito de Srikakulam para tratar a artrite reumatoide.

Idu *et al.*, (2009) revelaram 24 espécies de plantas pertencentes a 18 famílias e 22 géneros utilizadas no tratamento de doenças oftálmicas e otorrinolaringológicas entre os Binis da cidade de Benin, estado de Edo, Nigéria. Jagtap *et al.*, (2009) descreveram a utilização etnomedicinal de 79 espécies de plantas pertencentes a 59 famílias pela tribo Pewra de Satpura hills, Maharashtra. Deepika Bhatt *et al.*, (2009) forneceram informações etnomedicinais sobre 17 espécies de plantas pertencentes a 15 famílias utilizadas em várias doenças pelo povo da tribo Bhotia da região de Dharchula do distrito de Pithorgarh, Kumaun Himalaya. Borah, *et al.*, (2009) apresentaram uma nota sobre a utilização da etnomedicina no tratamento da diabetes pelas comunidades Mishing de Assam. Seetharami Reddi *et al.*, (2009 a) relataram 42 espécies de plantas pertencentes a 41 géneros e 33 famílias utilizadas como cura para doenças sexualmente transmissíveis pelos adivasis dos Ghats Orientais. Eles (2009 b) relataram 37 espécies de plantas pertencentes a 35 géneros e 24 famílias utilizadas pelo folclore dos Ghats Orientais para tratar várias queixas urinárias. Suneetha *et al.*, (2009 a) destacaram a utilização de 45 plantas etnomedicinais com 46 receitas tradicionalmente utilizadas pelas tribos e outros habitantes rurais no distrito de East Godavari para o tratamento de vários tipos de mordeduras e picadas de escorpião. (2009 b) registaram 43 espécies pertencentes a 31 famílias utilizadas para curar perturbações ginecológicas pelas tribos do distrito de East Godavari. Ramarao Naidu *et al.*, (2009) enumeraram 63 espécies pertencentes a 38 famílias utilizadas no tratamento de vários tipos de febres do distrito de Srikakulam.

Biswas *et al.*, (2010) enumeraram 190 espécies de plantas medicinais pertencentes a 147 géneros e 57 famílias com as suas utilizações medicinais tradicionais pelo povo tribal das zonas montanhosas de Chittagong no Bangladesh. Punjani, (2010) relatou informações em primeira mão sobre medicamentos populares à base de plantas do nordeste de Gujarat para tratar vários distúrbios urinários. Meena e Yadav, (2010) apresentaram informações sobre 31 espécies pertencentes a 31 géneros e 22 famílias utilizadas pelas tribos do sul do Rajastão. Rao *et al.*, (2010) forneceram dados sobre 14 plantas medicinais utilizadas pelos Savaras para curar várias doenças no distrito de

Srikakulam. Suneetha *et al.,* (2010) enumeraram 42 espécies de plantas de 33 famílias para tratar fracturas ósseas dos Ghats orientais. Raju *et al.,* (2010) apresentaram 37 espécies de plantas pertencentes a 28 famílias utilizadas por Konda Reddis para tratar várias doenças femininas. Reddy *et al.,* (2010) enumeraram as utilizações tradicionais de 43 espécies de plantas pertencentes a 43 géneros representando 30 famílias que são utilizadas pelas comunidades das aldeias do distrito de Krishna para o tratamento de doenças de pele, dores corporais e inchaços. Rao e Reddy, (2010 b) também relataram 30 novas espécies de plantas pertencentes a 30 géneros e 23 famílias para curar uma variedade de doenças, desde doenças de pele a cancro.

Balangcod e Balangcod, (2011) descreveram a importância etnomedicinal de 125 espécies de plantas utilizadas pela tribo Kalanguya em Tinoc, Ifugao, Luzon, Filipinas, para o tratamento de várias doenças. Joshi *et al.,* (2011) relataram os usos de 87 espécies pertencentes a 54 famílias utilizadas pelo povo de Macchegaun, distrito de Katmandu, Nepal, para fins medicinais. Bussmann e Glenn, (2011) documentaram 55 espécies de plantas pertencentes a 53 géneros e 43 famílias utilizadas como remédios à base de plantas para combater a dor no norte do Peru. Ong *et al.,* (2011) registaram 52 espécies de plantas medicinais utilizadas pelos aldeões malaios em Kampung Tanjung Sabtu, Terengganu, Malásia, para a saúde em geral. Igoli *et al.,* (2011) efectuaram um levantamento de plantas anti-venenosas, tóxicas e outras utilizadas por tribos em algumas partes de Tivland, Nigéria.

Jain *et al.,* (2011) recolheram informações sobre 50 espécies de plantas medicinais pertencentes a 50 géneros e 31 famílias utilizadas em doenças refractárias pelas tribos do distrito de Balaghat, Madhya Pradesh. Ghatapanadi *et al.,* (2011) documentaram 52 espécies de plantas pertencentes a 27 famílias e validadas cientificamente pelas suas propriedades terapêuticas. Meena e Yadav, (2011) enumeraram as utilizações etnomedicinais de 35 espécies de plantas pertencentes a 34 géneros e 27 famílias utilizadas pela tribo *Garasia* do distrito de Sirohi no Rajastão. Kumar e Hamal, (2011) observaram que a população local no Parque Nacional de alta altitude de Kishtwar utiliza 13 tratamentos à base de plantas diferentes envolvendo 14 plantas/partes de plantas para a artrite. Malik *et al.,* (2011) descreveram as utilizações etnomedicinais de 30 espécies de plantas pertencentes a 22 famílias nos Himalaias de Caxemira. Ray *et al.,* (2011) trataram de 63 espécies de plantas medicinais pertencentes a 43 famílias habitualmente utilizadas pelo povo tribal da região de East Nimar, Madhya Pradesh. Beegam e Nayar, (2011) trataram de 66 preparações feitas a partir de 58 espécies de plantas especificamente empregues em cuidados de saúde pré-natais (14), pós-natais (23) e infantis (29) na medicina popular de Kerala. Bhandary e Chandrashekar, (2011) observaram 34 métodos diferentes de tratamento da infeção por herpes utilizando 57 espécies de plantas pelos herboristas tradicionais da costa de Karnataka. Jain *et al.,* (2011) debruçaram-se sobre 25 espécies de plantas utilizadas tradicionalmente pelas tribos do distrito de Jhabua, Madhya Pradesh, para o tratamento de várias doenças. Khongsai *et al.,* (2011) relataram 84 espécies de plantas ehnomedicinais utilizadas por diferentes tribos de Arunachal Pradesh. Binu, (2011) relatou informações sobre 10 plantas utilizadas para tratar dores corporais pelas tribos do distrito de Pathanamthitta, Kerala. Xavier *et al.,* (2011) revelaram que o povo Malayali em Kolli Hills utilizava 50 espécies de plantas pertencentes a 33 famílias para tratar várias doenças. Nath *et al.,* (2011) forneceram informações sobre receitas tradicionais à base de plantas que utilizam 28 espécies de plantas pertencentes a 26 géneros e 22 famílias no tratamento de várias doenças das articulações por diferentes grupos étnicos de Assam.

Hari Babu *et al.*, (2011 a) registaram 41 espécies pertencentes a 31 famílias para tratar a dor abdominal nas tribos do distrito de Visakhapatnam.

(2011 b) também destacaram os usos de 18 plantas etnomedicinais tradicionalmente utilizadas para o tratamento da diabetes. Rao *et al.*, (2011 a) trataram de 11 bebidas fabricadas pelos grupos tribais primitivos do distrito de Visakhapatnam. Rao *et al.*, (2011 b) referiram 46 espécies utilizadas pelos grupos tribais primitivos do nordeste de Andhra Pradesh para curar a iterícia. Suneetha *et al.*, (2011) referiram 42 espécies de plantas pertencentes a 33 famílias utilizadas em fitoterapia indígena para fracturas ósseas pelas tribos dos Ghats Orientais. Manjula *et al.*, (2011) referiram que 28 espécies eram utilizadas para curar a iterícia pelas tribos do distrito de Khammam. Reddi, (2011) referiu a sabedoria medicinal popular de Konda Reddis para problemas ginecológicos.

Um total de 82 espécies de plantas medicinais pertencentes a 29 famílias foram utilizadas para tratar 41 tipos diferentes de doenças em aldeias em redor da reserva florestal de Kimboza (Amri e Kisangau, 2012). Packer *et al.*, (2012) relataram que 32 plantas medicinais pertencentes a 21 famílias foram usadas para fins medicinais na comunidade aborígene Yaegl no norte de Nova Gales do Sul, Austrália. Plantas medicinais utilizadas para diferentes doenças por curandeiros tradicionais em Durban, África do Sul (Coopoosamy e Naidoo, 2012). Estudos etnomedicinais de plantas medicinais utilizadas por profissionais de saúde tradicionais na gestão de doenças na baixa Provença Oriental, Quénia (Keter e Mutiso, 2012). Amiri *et al.*, (2012) documentaram que 52 espécies de plantas medicinais foram utilizadas para diferentes doenças por povos indígenas no distrito de Zangelanlo, no nordeste do Irão. Omoruyi *et al.*, (2012) revelaram que 18 espécies pertencentes a 12 famílias eram utilizadas para a gestão da infeção por VIH/SIDA entre as comunidades locais do município de Nkonkobe, Cabo Oriental, África do Sul.

Foi registado um total de 25 plantas etnomedicinais que são utilizadas na formulação de 25 preparações etnomedicinais diferentes para curar 25 tipos de doenças e afecções (Ghorband e Biradar, 2012). Sharma *et al.*, (2012) referiram que 38 espécies de plantas eram utilizadas para o tratamento do vitiligo. Srivastava *et al.*, (2012) afirmaram que um total de 135 espécies pertencentes a 63 famílias eram utilizadas por tribos locais da região de Amarkantak, Madhya Pradesh, Índia. Borah *et al.*, (2012) referiram que 50 espécies de plantas medicinais de 33 famílias eram utilizadas como remédios para várias doenças; destas, 42 espécies de plantas eram utilizadas isoladamente e apenas 8 plantas em combinação com outras plantas. O conhecimento medicinal popular prevalecente de plantas para o tratamento de várias doenças do gado no distrito de Jalaun de Uttar Pradesh (Kumar e Bharati, 2012). As tribos de Kerala utilizam plantas medicinais epífitas e parasitárias como medicamentos para o tratamento de doenças (Shanavaskhan *et al.*, 2012). Mohmood, (2012) tratou de algumas plantas medicinais utilizadas por curandeiros à base de plantas no tratamento de doenças de pele em Madhya Pradesh, Índia. Elavarasi e Sarvanan, (2012) referiram que as plantas medicinais utilizadas para tratar a diabetes pelo povo tribal das colinas de Kolli, distrito de Namakkal, Tamilnadu, sul da Índia. Pragada *et al.*, (2012) referiram 40 plantas medicinais utilizadas para a disenteria pela população tribal da costa norte de Andhra Pradesh.

Lulekal *et al.*, (2013) registaram 135 espécies de plantas medicinais para tratar várias doenças humanas no distrito de Ankober, na Etiópia. Bussmann *et al.*, (2013) relataram 4 espécies de Gentianella, 4 de Geranium e 3 espécies adicionais de 3 géneros utilizadas como aditivos comuns que foram utilizados como antidiabéticos. Mesfin *et al.*, (2013) referiram que 31 espécies de plantas medicinais eram utilizadas para o tratamento de 32 doenças humanas no distrito de Gemad, no norte da Etiópia. Bagul, 2013, tratou de 27 espécies de plantas medicinais utilizadas tradicionalmente pelas tribos Pawara e Barela do distrito de Jalgaon, em Maharastra, para o tratamento de várias doenças. Pushpan *et al.*, (2013) registaram as suas plantas medicinais folclóricas de origem ayurvédica e etnomedicinal para o tratamento da artrite. Ghosh e Sarkhel, (2013) registaram 50 espécies de plantas de 30 famílias tradicionalmente utilizadas em etnomedicina pela população tribal de Paschim Medinipur, Bengala Ocidental. Padal e Vijayakumar, (2013) documentaram 30 espécies de plantas pertencentes a 28 géneros de G. Madugula mandalam utilizadas para tratar várias doenças humanas. Padal *et al.*, (2013) trataram de 15 espécies de plantas pertencentes à família Fabaceae utilizadas para tratar doenças humanas por tribos da divisão de Narsipatnam. Padal *et al.*, (2013) documentaram que 81 plantas medicinais eram utilizadas por tribos para tratar várias doenças humanas em Gudem kotha veedi mandalam, Visakhapatnam. Padal *et al.*, (2013) registaram 91 espécies de plantas medicinais utilizadas como medicina popular no tratamento de várias doenças pelas pessoas rurais e comuns do vale de Araku, distrito de Visakhapatnam. Padal *et al.*, (2013) afirmaram que 43 espécies de plantas do distrito de Vizianagaram, Andhra Pradesh, Índia, eram utilizadas pelos tribais para tratar várias doenças.

Kim e Song, (2014) relataram que as práticas de plantas etnomedicinais das comunidades tribais para o tratamento de 12 tipos de doenças de pele. Rahman *et al.*, (2014) descreveram a análise etnomedicinal comparativa da utilização de plantas medicinais de uma medicina popular. Belayneh e Bussa, (2014) documentaram 83 formulações de espécies de plantas medicinais tradicionais que registaram 140 remédios para 81 doenças humanas dos vales de Harla e Dengego, na Etiópia Oriental. Boakye *et al.*, (2014) descobriram que 22 partes de pangolim são usadas para tratar várias doenças e condições em 17 categorias internacionais de doenças. Bano *et al.*, (2014) registaram 50 plantas medicinais tradicionais utilizadas contra 33 doenças diferentes no vale de Skardu, Paquistão. Kumar e Bharati, (2014) registaram 95 espécies de plantas medicinais no tratamento de 49 doenças das tribos Tharu do parque nacional de Dudhwa, na Índia. Rahaman e Karmakar, (2014) trataram das 25 plantas medicinais utilizadas para tratar várias doenças humanas das colinas Susunia do distrito de Bankura, Bengala Ocidental. Xavier *et al.*, (2014) referiram que as tribos Kerala Kani utilizavam 35 espécies de plantas medicinais para o tratamento de várias doenças. Padal *et al* (2014) referiram que 32 espécies de plantas pertencentes a 21 famílias foram utilizadas especificamente no tratamento de doenças anti-helmínticas/helmintíases. Padal *et al* (2014) revelaram que 50 espécies de plantas pertencentes a 27 famílias e 41 géneros são normalmente utilizadas no tratamento de várias doenças. Sandhya Sri *et al.*, (2014) relataram 38 novas fitoterapias tradicionais para doenças ginecológicas entre as tribos de Visakhapatnam, Andhra Pradesh, Índia. Padal *et al.*, (2014) documentaram 32 plantas medicinais tradicionais utilizadas para o tratamento da febre prevalecente entre diferentes povos tribais de Visakhapatnam, Andhra Pradesh.

Lijuan *et al.*, (2015) referiram que muitas plantas venenosas têm sido amplamente utilizadas para tratar doenças humanas no sistema medicinal tibetano. Uddin *et al.,* (2015) documentaram que 50 espécies de plantas de 47 géneros de 37 famílias foram usadas para tratar 29 doenças diferentes por curandeiros tradicionais do distrito de Khagrachari, Bangladesh. Adnan *et al.,* (2015) afirmaram que foram documentadas 51 plantas medicinais pertencentes a 30 famílias que eram utilizadas pelas mulheres para o tratamento de 9 tipos de queixas ginecológicas. Zank *et al.,* (2015) relataram práticas locais de saúde de tribos e o conhecimento de plantas medicinais em uma região semiárida brasileira. Rao *et al.,* (2015) relataram que 85 plantas medicinais usadas para várias doenças humanas na área do bosque sagrado de Parnasala, Ghats Oriental do distrito de Khammam, Telangana, Índia. Kolar *et al.,* (2015) analisaram os conhecimentos medicinais à base de plantas indígenas utilizados na cura de diferentes tipos de febre por diferentes comunidades do distrito de Adilabad. Kadali e Kindangi, (2015) relataram que 10 espécies de plantas etno-medicinais utilizadas para o tratamento de várias doenças humanas por curandeiros tradicionais do distrito de West Godavari, Andhra Pradesh, Índia.

III.TOPOGRAFIA E CARACTERÍSTICAS GERAIS

Nota histórica

A Índia vive nas suas aldeias. Isto é mais verdadeiro no contexto da Índia tribal. Quase todas as tribos das aldeias, que se encontram no cimo das colinas ou quase escondidas nos vales das aldeias tribais, não oferecem um padrão cultural único, uma vez que existem grandes variações em termos de clima, topografia, língua, costumes e composição étnica.

O distrito de Visakhapatnam, com uma área de 11 161 km^2 (4,1 % da área do estado), é um dos distritos costeiros do nordeste de Andhra Pradesh. A área de estudo situa-se entre 17 -34^{01} 11^{11} e 18 -32^{01} 57^{11} de latitude norte e 18 -51^{01} 49^{11} e 83 -16^{01} 9^{11} de longitude leste. É limitado a norte, em parte pelo estado de Orissa e em parte pelo distrito de Viziangaram, a sul pelo distrito de East Godavari, a oeste pelo estado de Orissa e a leste pela Baía de Bengala, com 43 mandals, dos quais 11 (Chintapalli, Koyyuru, G.K.Veedhi, G. Madugulu, Paderu, Pedabayalu, Muchigiput, Hukumpeta, Dumbriguda, Aruka valley e Ananthagiri) estão situados nas zonas montanhosas conhecidas como a zona da agência (Fig. 1.1). A totalidade da área da agência cobre 6.298 Km^2 , ou seja, 56,4% da área geográfica total do distrito. Existem vários picos entre 1300 e 1670 m. Sambarikonda, perto da aldeia de Gudem, tem cerca de 1670 m. Kappalakonda tem cerca de 1589 m e Dharakonda tem 1365 m de altitude.

Vários rios como Machkun, Sarada, Varaha, Tandava e Goshtani atravessam o distrito. O rio Machkund nasce na colina de Madugula, no distrito de Visakhapatnam, e corre para norte, inicialmente como fronteira entre Orissa e Andhra Pradesh durante alguma distância. A jusante, é conhecido como "Sileru". Este rio junta-se ao rio Godavari em "Motu". O rio Sarada nasce nas colinas de Madugula e atravessa os mandatos de Chodavaram, Anakapalli e Yelamanchili do distrito. O rio Varaha nasce nas colinas de Narsipatnam. Os rios Sarada e Varaha confluem na Baía de Bengala, perto da aldeia de Vanthada. O rio Thandava nasce em Chintapalli mandal, atravessa Narsipatnam e Yelamanchili

mandals e junta-se à baía de Bengala na aldeia de Pentakota. Gosthani tem a sua origem perto das grutas de Borra e funde-se na baía de Bengala perto de Konada. Para além destas, existem várias ribeiras de montanha que regam o distrito.

Aspectos históricos

As inscrições indicam que o distrito fazia originalmente parte do reino de Kalinga, tendo sido posteriormente conquistado pelos Chalukyas orientais no século VIIth d.C., que o governaram com as suas sedes, tais como os Reddy Rajahs de Kondaveedu, os Gajapathis de Orissa, os Nawabs de Golkonda e o imperador mogol Aurangazeb através de um subedar. Este território passou para a ocupação francesa devido à disputa de sucessão entre os reis de Andhra e, finalmente, para o domínio britânico. Não houve enxertos geográficos até 1936, ano em que, na sequência da formação do Estado de Orissa, os taluks, nomeadamente Bissiom, Cuttack, Jayapore, Koraput, Malkangiri, Naurangpur, Pottangi e Rayagada, na sua totalidade, e partes dos taluks de Guntur, Panduva e Parvathipur foram transferidos para o Estado de Orissa. O distrito de Visakhapatnam foi reconstituído com a área remanescente e a parte residual do distrito de Ganjam, nomeadamente os taluks de Sompet, Tekkali e Srikakulam na sua totalidade e a parte de Parlakimidi, Ichhapuram e Berhampur retida na Presidência de Madras. Com o passar do tempo, o distrito reconstituído foi considerado administrativamente pesado e, por conseguinte, foi bifurcado nos distritos de Srikakulam e Visakhapatnam no ano de 1950. O distrito residente de Visakhapatnam foi ainda bifurcado e os taluks de Vizianagaram, Gajapathinagaram, Sringavarapukota e parte do taluk de Bheeminipatnam foram transferidos para o recém-criado distrito de Vizianagaram em 1979.

Etimologia: A tradição diz que, há alguns séculos, um rei da dinastia Andhra acampou no local da atual sede da cidade de Visakhapatnam durante a sua peregrinação a Benaras e, tendo ficado satisfeito com o local, construiu um santuário em honra da divindade da sua família, chamada Visakheswara, a sul da baía de Lawsons, de onde o distrito derivou o seu nome Visakheswarapuram, que posteriormente mudou para Visakhapatnam. A invasão das ondas e das correntes do mar terá arrastado o santuário para uma zona ao largo da costa.

Caraterísticas físicas

O distrito apresenta duas divisões geográficas distintas: 1. A divisão das planícies, que é uma faixa de terra ao longo da costa e do interior, 2. A área montanhosa dos Ghats Orientais que flanqueiam a norte e a oeste, denominada divisão da agência.

Divisão da Agência: Consiste em regiões montanhosas cobertas por Ghats Orientais e picos com uma altitude entre 900-1200 m e o bloco florestal de Sankaram é exclusivamente coberto com 1615 m MSL, envergonhando vários mandals. O rio Machkund reflui para Sileru e a sua água drenada e redrenada foi utilizada para a produção de eletricidade.

Geologia: A rocha subjacente é geologicamente a mais antiga pertencente ao sistema Arqueano, o Gneisis é comum nas colinas e o granito e o quartzito são comuns nas planícies. A bauxite está presente em algumas partes do distrito. A rocha hiperstênio-biotita contendo safirina é encontrada perto de Paderu.

Solo: Os solos que se encontram geralmente nas zonas tribais são solos argilosos, franco-arenosos e franco-argilosos com proporções variáveis de areia e argila. Os solos são franco-ferruginosos vermelhos misturados com quartzito (69,99%) nas encostas e franco-arenosos (9,2%) a argilosos nas encostas mais baixas e nas aldeias. Nos vales, os solos são férteis e caracterizam-se pela presença de terrenos humanos muito erodidos. Nas zonas densamente arborizadas, o solo está coberto por uma espessa camada de húmus.

Clima: O clima do distrito é geralmente tropical, mas varia de uma parte do distrito para outra devido a dois factores, as colinas e o mar. A temperatura nas zonas montanhosas é mais fresca do que nas planícies. A temperatura máxima média é de $33,70^0$ C (abril-maio) e a temperatura mínima média é de $19,8^0$ C (dezembro-janeiro) e a temperatura mínima atinge 10^0 C em Ananthagiri e Aruku durante dezembro-janeiro, por vezes. O verão, a estação pré-monção, decorre entre março e maio. Segue-se a estação das monções do sudoeste ou estação das chuvas, de junho a setembro, com boas precipitações em toda a região. O período de outubro-novembro constitui a pós-monção, que é caracterizada por ciclones frequentes. O inverno decorre de dezembro a fevereiro.

Precipitação: A precipitação é consideravelmente mais elevada nas zonas montanhosas do que nas planícies. A precipitação anual normal é de 1202 mm (70,9% da monção do sudoeste e 8,9% da monção do nordeste). Os aguaceiros de verão partilham o resto e as chuvas de inverno. A topografia e o clima influenciaram muito a cultura aborígene e o padrão de vegetação da região.

Área florestal: A área geográfica do distrito de Visakhapatnam é de 11.161 km2 e a área florestal do distrito abrange 471940,13 hectares administrados por três divisões florestais.

IV. ETNOLOGIA DOS POVOS TRIBAIS

Na Índia, as tribos têm o seu próprio modo de vida, com base em princípios sociais e culturais, regidos exclusivamente pelas condições e pelo espírito locais. O termo "tribo" foi incluído pela primeira vez na Lei do Governo da Índia de 1935. O artigo 342.º da Constituição da Índia define "tribos" como "um grupo endogâmico com uma identidade étnica, que conservou a sua identidade cultural tradicional, possui uma língua ou dialeto próprios, é economicamente atrasado e vive em reclusão, regendo-se pelas suas próprias normas sociais e possuindo, em grande medida, uma economia autónoma".

A Índia tem a segunda maior concentração de população tribal do mundo, a seguir a África. A população das tribos registadas (ST) na Índia é de 99 235 860 pessoas, constituindo cerca de 8,2% da população total do país, que é de 1 210 193 422 pessoas, pertencentes a mais de 550 comunidades tribais, incluindo 93 grupos tribais primitivos (PTG) e 227 grupos étnicos. Existem 325 línguas faladas por diferentes comunidades com um grande número de dialectos.

De acordo com o censo de 2011, a população total de Andhra Pradesh é de 84 665 533 habitantes, dos quais 5 579 458 são tribais, o que representa 6,58% da população total. A população total do distrito de Visakhapatnam é de 1 730 320 habitantes, dos quais 458 015 são tribais (26,46%). Existem 13 comunidades tribais na área de estudo: Bagata, Gadaba, Kammara, Konda Dora, Khondus, Kotia, Kulia, Malis, Manne Dora, Mukha Dora, Porja, Reddi Doras, Nooka Dora e Valmiki.

Bagata

Bagata é uma das tribos numericamente preponderantes e etnicamente significativas de Andhra Pradesh e distribui-se predominantemente no distrito de Visakhapatnam. A maioria dos formadores Mutadars e chefes de aldeia tradicionais nas zonas tribais do distrito de Visakhapatnam pertencem a esta tribo. Ocupam o lugar mais alto na escala hierárquica local.

Proíbem o consumo de carne de vaca e de porco. A tribo Bagata está dividida em vários grupos de parentesco agnáticos unilaterais chamados "Gothrams" ou "Vamsamas", tais como Korra (Sol), Killo ou Bagh (Tigre), Gollari (Macaco), Pangi (Milhafre), etc., e os membros de cada gothram presumem que descendem de um antepassado comum. Estes gothrams estão ainda divididos num certo número de apelidos (intiperlu).

Os modos socialmente aprovados de aquisição de parceiros incluem o casamento por negociação, o casamento por captura, o casamento por amor mútuo e fuga e o casamento por serviço. Destes, o casamento por negociação é amplamente praticado e o casamento é realizado na casa do noivo. O costume de pagar o preço da noiva aos pais da noiva está em voga nesta comunidade. A monogamia é uma forma comum de casamento, enquanto a poligamia é raramente praticada. O levirato e o sororato estão em voga. O recasamento de viúvas é permitido. O divórcio é socialmente aceite. As famílias nucleares predominam sobre as famílias conjuntas entre os Bagatas. São patriarcais e patrilocais. Na ausência de sol, a filha herda os bens do pai.

Realizam várias cerimónias do ciclo de vida, desde o nascimento até à morte. A cerimónia de purificação é realizada no quinto ou sétimo dia após o parto. Até esta cerimónia ser realizada, a mulher não pode ir a nenhuma outra casa, pois é considerada impura. No dia em que a mãe toma banho, a cerimónia de atribuição do nome à criança é celebrada na presença do sacerdote local e dos familiares e é seguida de um banquete não vegetariano. Ao atingir a puberdade, a rapariga é isolada durante seis dias num canto da casa e no sétimo dia realiza-se a purificação, para a qual são convidados amigos e familiares. A cabeça é cremada. A primeira e a última exéquias são efectuadas no terceiro dia e no décimo dia, respetivamente. A agricultura é o principal meio de subsistência, enquanto o trabalho agrícola e a recolha de produtos florestais não lenhosos (Minor Forest Produce) são ocupações subsidiárias.

Os Bagatas adoram uma infinidade de deuses e deusas, como Sanku Devatha (divindade da aldeia), Jakara Devatha (deusa da chuva e das colheitas), Bali Devatha (deusa do grupo da aldeia de Muttas), Durga, Nandi devatha, etc., e atribuem todos os acontecimentos da sua vida quotidiana à bondade das divindades. Celebram as festas juntamente com outras comunidades tribais locais. Algumas festas são celebradas antes do consumo dos produtos, como Korra Kotha Panduga, Kandi Kotha Panduga, Sama Kotha Panduga, Mamidi Kotha Panduga, etc.

Trata-se de conselhos tradicionais a nível da aldeia com alguns representantes chamados "Peddamanusulu". A maior parte dos litígios internos são resolvidos por estes conselhos tradicionais e são aplicadas sanções aos culpados.

Gadaba

Os Gadaba encontram-se predominantemente em zonas tribais e estão divididos em diferentes subdivisões, nomeadamente Boda ou Gutob, Katheri, Kolleri, etc. Cada subdivisão, que é endogâmica, está dividida em vários clãs exogâmicos. Os modos de aquisição de parceiros entre os Gadabas são o casamento por negociação, o amor mútuo e a fuga, a captura e o serviço. A família é nuclear. A viúva pode voltar a casar e o divórcio é permitido.

Atualmente, os Gadabas são cultivadores e trabalhadores agrícolas. Os que habitam as zonas montanhosas praticam a agricultura itinerante e cultivam ragi, grama vermelha e niger nas suas terras podu. Recolhem produtos florestais não lenhosos para consumo doméstico e venda.

Veneram Sankudevudu, Peddadevudu, Moda Kondamma, Jakaridevatha, Ippapolamma, etc., e celebram festas como Itukala panduga, Ashada panduga (Korrakotha), Kothamasa e Maridamma panduga. Para além dos festivais acima referidos, veneram os espíritos dos seus antepassados.

Os Gadabas têm o seu próprio conselho tradicional e um chefe de aldeia tradicional conhecido como "Naiko", cujo cargo é hereditário. É assistido por "Challan" (mensageiro) e "Bariki" (criado da aldeia). No domínio das actividades religiosas, o "Dasari" ou pujari da aldeia oficia todas as cerimónias religiosas. Os Gadabas são reconhecidos como Grupos Tribais Primitivos (PTGs).

Kammara

Os Kammaras são também designados por Konda Kammara e Porjas. Embora a ocupação tradicional dos Kammaras das zonas classificadas seja a ferraria e a carpintaria. A maior parte deles abandonou a sua ocupação tradicional e recorreu a culturas itinerantes e a culturas fixas.

A tribo Kammara está dividida em vários clãs totémicos, que regulam as relações matrimoniais entre os Kammaras. Alguns dos clãs mais populares são Korra (Sol). Os Killo Kolams são cultivadores e trabalhadores agrícolas. Cultivam jowar, grama preta, algodão, grama vermelha, etc., e o seu alimento de base é o jowar.

Para além do Senhor Bhima, que é o seu chefe, adoram a divindade da aldeia chamada Nandiyamma, que se encontra no centro de cada povoação Kolam. Também adoram Sita devi, Laxmi, Indumala devi (Hidimbi), Pothuraju e Jagubai. Celebram Pokke Kotha panduga (cerimónia de comer flores mohawa novas), Mondos (festival de ano novo e lavoura cerimonial), Bhimayak langa (casamento do senhor Bhima), Ahadi (divindades para proteção do gado e kothalu (comer grãos de alimentos novos). Executam as danças Gusadi e Dimsa.

Cada povoação kolam é controlada por um conselho tradicional da aldeia (kula panchayat). Este é composto por Naikon (chefe), Delak (sacerdote), Mahajan (mensageiro), Tarmaka (cozinheiro) e Gatiya (distribuidor de alimentos) como membros. O chefe e o sacerdote da aldeia resolvem vários litígios e os outros membros ajudam-nos no desempenho das suas funções. Em caso de litígio na aldeia, o Naikon e o Delak da respectiva aldeia reúnem-se e resolvem-no.

Konda Dora

Os Konda Doras designam-se a si próprios por Kubing ou Kondargi no seu próprio dialeto, que se chama Kubi. Os Konda doras que vivem em Visakhapatnam falam adivasi Oriya e Telugu. A tribo Konda dora está dividida em vários clãs, tais como Korra, Killo, Swabi, Ontalu, Kmud, Pangi, Paralek, Mandelek, Bidaka, Somelunger, Surrek, Golorigune, Olijukula, etc. O casamento do tipo levirato é habitualmente praticado nesta comunidade. A poliginia também está em voga. O casamento por captura, o casamento por fuga, o casamento por negociação e o casamento por serviço são formas tradicionalmente aceites de aquisição de parceiros. O divórcio é socialmente permitido. Comem carne de vaca e de porco. São basicamente agricultores itinerantes. Mas estão a adotar o cultivo fixo. Recolhem e vendem produtos florestais não lenhosos (produtos florestais menores). Adoram Boda devatha, Sanku devatha, Nisani devatha, Jakara devatha e oferecem sacrifícios. Celebram Chitra panduga, Balli panduga, Korra e Sama Kotha, Chikudu Kotha e Pusapandoi (cerimónia de comer nozes adda). Os festivais mais importantes são o Kada pandoi (festival do encanto das sementes) e este festival é seguido pelo festival da caça. Os homens e as mulheres executam em conjunto a dança tradicional colorida, o chifre de bisonte, em ocasiões festivas e de casamento. Um dos homens usa um capacete feito de chifre de bisonte e um ou dois deles transportam grandes tambores e os homens e mulheres Konda reddy dançam juntos ao som dos tambores.

Khondus

Os Khondus residem principalmente nas encostas densamente arborizadas das colinas nas zonas classificadas do distrito de Visakhapatnam, em Andhra Pradesh. São também conhecidos por Samantha, Konda kodu, Jatapu, Jatapu dora, Kodi, Kodu, Kondu e Kuinga. Estes termos são utilizados para designar os Khonds em diferentes zonas dos distritos de Srikakulam, Vizianagaram e Visakhapatnam. Os Khonds designam-se no seu próprio dialeto como Kuinga de Kui dora. Os Khonds estão divididos nas seguintes subtribos: Dongria, Desya Khond, Kuttiya Khond, Tikira Khond e Yeneti Khond. Cada subtribo está subdividida num certo número de clãs. Cada clã tem um nome distinto e as alianças matrimoniais são permitidas com base nos nomes dos clãs.

A monogamia é a regra. A poliginia é rara. Existem tanto o levirato como o sororato júnior. O casamento por troca, o casamento por fuga e o casamento por serviço são formas socialmente aprovadas de aquisição de parceiros.

O consumo de carne de vaca e de porco não é tradicionalmente proibido. Têm o seu próprio dialeto, chamado Kui ou Kuvi. Mas os Khonds que vivem em Srikakulam dominam igualmente o telugu e os Khonds de Araku e de outras zonas limítrofes são multilingues. Os Khonds têm um conselho tribal, geralmente composto por quatro ou cinco membros, chefiado por um homem chamado Havana, cujo cargo é hereditário. Os membros do conselho são selecionados. As principais funções do conselho são a resolução de litígios em matéria de casamento, terras e outros bens.

Os Khonds vivem essencialmente do cultivo. São especialistas no cultivo do podu. Cultivam nos campos de podu painço como ragi, sama e korra e sementes oleaginosas como niger, rícino e leguminosas como grama vermelha. Também são adeptos da caça e da pesca. São muito versados no artesanato, como o uso de cestos e esteiras, a extração de óleo, etc.

Celebram festivais chamados Hira parbi (encantar sementes), Maha parbi (comer manga nova), Kumla parbi (consumir milho e produtos de abóbora), etc. Os Khonds executam uma dança folclórica chamada "Mayura" (dança do pavão). Trata-se de uma imitação do movimento do pavão em todas as ocasiões festivas e matrimoniais.

Kotia

A tribo Kotia divide-se nas seguintes subdivisões ou subgrupos Bodo kotia, Sano kotia, Putia poika e Dhulia. Na agência de Visakhapatnam, os Bodo kotias são também chamados Doras e reivindicam um estatuto igual ao de Bagata, uma tribo com estatuto social mais elevado no distrito de Visakhapatnam. O povo Bodo kotia não aceita comida cozinhada do povo Sano kotia, por ser considerado inferior em termos de estatuto social, do mesmo modo que o povo Sano kotia também não aceita comida do povo Putia poika.

A tribo Kotia está dividida em vários clãs totémicos e cada clã está ainda dividido em diferentes apelidos. Alguns dos nomes são Matya (peixe), Naga (cobra), Geedh (águia), Gorapitta (uma espécie de ave), etc. Todas as subdivisões da comunidade kotia falam uma forma corrupta de Oriya.

Nesta comunidade, estão em voga quatro tipos de aquisição de parceiros. São eles o Bodobila (casamento por negociação), o Udiliyajibar (casamento por amor mútuo e fuga), o Dandgigikbar (casamento por captura) e o Gorjuvai (casamento por serviço). Tanto o levirato como o sororato são socialmente aceites. O divórcio é permitido. É permitido o recasamento de viúvas ou viúvos.

O mecanismo tradicional de controlo social entre os kotias chama-se "Nayaklok" e é dirigido por um líder tradicional "Nayak". O mensageiro é chamado "Barika". Resolvem litígios como roubos, divórcios, disputas de terras, brigas, etc.

As principais divindades adoradas pelos kotias são Pedda demudu, Sanku demudu, Nandi demudu, Jakari demudu, um Ganga devatha. Celebram festivais como o Pushpurab, Soyuth purabm, Nandi purab, Ashada jathara, Gairam panduga, Peda demudu panduga, Bheema demudu panduga e festivais de alimentação das primeiras colheitas, como o korra, samakotha, metta, dhanyam kotha, mamidi kotha, etc.

Os kotias são agricultores e cultivam produtos alimentares como o ragi, o jowar, o milho e o arroz e produtos hortícolas como a couve, o brinjal, o tomate, a batata, etc. As kotias também cultivam legumes como feijão, malagueta, dedo de moça, gengibre, etc., nos quintais das suas casas. Recolhem produtos florestais não lenhosos, como folhas de adda, tamarindo sheekai, paus de vassoura, flores de mohwa, etc., e vendem-nos à GCC (Girijan Co-operative Corporation), Andhra Pradesh.

Kulia

Kulia é uma tribo numericamente muito pequena, confinada às zonas arborizadas dos mandatos de Araku, Paderu, Pedabayalu e Munchinput. São também designados por mulias.

Os Kulias estão divididos em vários clãs patrilineares exogâmicos. Os principais clãs são Naga, Surjo, Matya, Killo, Hanuman ou Golleri e Pangi. As instituições de Nestam (laços de amizade), também designadas por Goth band bar, estão em voga.

Os Kulias praticam a exogamia de clã. Embora o casamento por negociação seja a forma mais comum, o casamento por captura e o casamento por fuga são também praticados. A poliginia também está em voga. Tanto o levirato como o sororato são permitidos.

Falam Oriya entre si, mas são igualmente fluentes em Telugu. Celebram os festivais Korra-sama kotha, metta, dhanyam kotha, chikkudu kotha e mamidi kotha.

Malis

Os Malis são também designados por Mahali e Malli. A tribo Mali divide-se em dois subgrupos endogâmicos, que por sua vez se dividem em sete subgrupos

   I.   **Bodo Malis**

   II.   **Sano Malis**

1. Khandya Malis	1. Pannari Malis
2. Pondra Malis	2. Sorukava Malis
3. Thagoor Malis	3. Donguradiya Malis

Os Bodo Malis são considerados uma seita superior e tanto os homens como as mulheres deste grupo usam o fio sagrado, enquanto na outra subdivisão apenas os homens usam o fio sagrado. Os dormitórios tradicionais conhecidos por "Kuppu" foram outrora populares nesta comunidade.

Casamento por negociações, casamento por amor mútuo e fuga, casamento por serviço são formas diferentes de adquirir companheiros. Falam uma forma corrupta de Oriya. As suas ocupações tradicionais eram o cultivo de plantas de flores, a manufatura de plantas de flores e a confeção de grinaldas. Mas agora são agricultores estabelecidos. Cultivam legumes e vendem-nos nos mercados semanais. Têm um 'Kulapanchayat' que trata de casos relacionados com disputas sociais e económicas.

Manne Dora

A organização social de Manne Dora baseia-se num grupo de descendência exogâmica e patrilinear denominado Kulam nas zonas de Paderu, Bamso nas zonas de Araku e Kilagaa e Gotram noutras zonas. Os principais Kulams são Killo, Matya, Gollari ou Hanuman, Rambi, Pangi, Korra e Naga. Embora o kulam seja exogâmico, nem todos os clãs têm relações matrimoniais. Alguns dos latões são considerados clãs irmãos. Nestam ou Goth band bar, o laço de amizade tradicional está em voga entre os Manne Dora.

Embora o casamento por captura, por serviço e por fuga sejam também modos socialmente aceites de aquisição de parceiros, o casamento por negociação é o modo mais comum de todos. O levirato e as irmandades são praticados. O consumo de carne de vaca e de porco não é tradicionalmente aceite pelos bided. Falam maioritariamente telugu. Mas os que vivem ao longo da fronteira de Orissa também falam Oriya. Adoram Jakara devatha, Ganga devudu, Sanku devatha, etc., e os principais festivais que celebram são o festival Nishan, o festival Jakara, o festival Nandi devudu, o festival Bodo devatha e o festival Ganga devudu. Para além destes, realizam todos os festivais kotha. Os Manne doras têm o seu próprio conselho tradicional chamado "Kula Panchayat", constituído pelo chefe (Kula pedda) e alguns membros.

Mukha Dora

Os Mukha doras são conhecidos como Nooka dora, Racha reddy. Muka raju e Sabarlu. Dividem-se em vários clãs exogâmicos, como Korra, Gammela, Kakara, Sugra, Kinchoyi, etc. O nome do clã é prefixado aos seus nomes. Os anciãos da comunidade de Mukha Dora usam contas sagradas de Thresad e Tulasi.

O casamento por captura, o casamento por serviço, o casamento por fuga e o casamento por negociação são as formas socialmente aceites de aquisição de parceiros. O casamento poligâmico é comum. O levirato e o sororato são permitidos. A sua língua materna é o Telugu, mas também falam Adivasi Oriya, Mukha Doras abstêm-se de comer carne de vaca e de porco.

Adoram Bodo devatha, Jakara devatha, Sanku devatha, Nishani devatha e Ganga devatha. A festa mais importante de Mucha Dora é a festa de Chaitra. Celebram festivais em honra das suas divindades. A maior parte dos Mukha Dora dedicam-se à agricultura e complementam a sua economia com a recolha e venda de pequenos produtos florestais. Nas zonas tribais do distrito de Visakhapatnam, a sua posição social é imediatamente inferior à dos Bagatas na hierarquia social.

Porja

Os Porja encontram-se predominantemente nas zonas tribais e são reconhecidos como Grupo Tribal Primitivo (PTG). Têm o seu próprio dialeto. Para além do seu próprio dialeto, falam Telugu e Adivasi Oriya. Estão divididos nas seguintes subdivisões ou subgrupos endogâmicos: Parangi porja, Jhodia porja, Gandaba porja, Banang porja, Pangu porja, Kollai porja e Didoi porja. Cada subgrupo endogâmico divide-se ainda nos seguintes clãs totémicos: Killo (tigre), Kimudu (urso), Korra (painço), Rambi (pássaro), Pangi (papagaio), Onteu (cobra) e Gollari (macaco). Estes são conhecidos popularmente como "Bowau" na linguagem local. Os nomes dos clãs são prefixados aos nomes individuais. A mulher recebe o nome do clã do marido após o casamento.

A família Porja é geralmente nuclear. Este povo é patrilinear, patriarcal e patrilocal. O casamento entre primos é permitido entre eles. Casam-se depois de atingirem a idade adulta. A monogamia é uma regra. O divórcio é permitido entre eles. Os casamentos de viúvas são socialmente aceites. O casamento por negociação é considerado o mais prestigiante e é comum. A cerimónia de casamento tem lugar na casa do noivo e é sempre acompanhada de um banquete e de um baile. Assim que o casamento termina, o filho separa-se da família de origem e constitui a sua família de procriação. Os Porjas veneram Bodo devatha, Sanku devatha ou Nishani devatha, Jakara devatha, Nandi devatha, etc., para além dos espíritos dos seus antepassados. Em todas as ocasiões festivas, o culto dos antepassados é primordial na vida religiosa dos Porja, que oferecem alimentos sagrados e escarificam os fluxos aos espíritos dos antepassados. Celebram festas como Giliab porbu (festa da caça), Poduja (festa da sementeira), Gotnakiya (festa da lavoura), Amflishuva (festa da manga nova), Bandaponpuras, Nandi purab, Volpoda, Badi deavatha panduga, etc.

Os Porjas executam uma dança folclórica chamada Jhodia nat ou Nandinat na altura do festival Nandi devatha. É também conhecida como jilliant porque as canções cantadas durante esta dança estão repletas de expressões de amor e romance. Jilli no dialeto Porja significa amor e romance. Todos os movimentos da dança se assemelham aos movimentos da dança dimsa, mas os movimentos rápidos que se encontram na dimsa não se encontram na jhodia nat.

Há um chefe para cada grupo numa aldeia e um líder chamado 'Naidu' para cada aldeia, cujos cargos são hereditários e estes titulares têm a responsabilidade de manter a ordem social na comunidade. Os litígios entre as aldeias e os litígios entre as pessoas da comunidade são resolvidos pelo conselho tradicional da aldeia.

A maior parte dos porjas que vivem no interior do país vive essencialmente do cultivo do podu e da recolha de produtos florestais menores. Praticam a cultura do podu nas encostas das colinas e utilizam utensílios primitivos como a enxada, a vara de cavar, o machado de mão e a foice. Também praticam a lavoura em campos planos e terraços irrigados. A sua secção sem terra trabalha como mão de obra agrícola. Os porjas não são vegetarianos e consomem carne de vaca e de porco. O chumbo é cremado ou enterrado, consoante a conveniência. A poluição causada pela morte é observada durante dez dias e o culto dos antepassados é observado. **Nooka Dora** ou **Redid Doras**

Os Nooka Dora são também conhecidos como Reddi Dora. São endogâmicos e têm clãs exogâmicos, que servem como forças reguladoras nas suas alianças matrimoniais. Falam telugu. São principalmente agricultores e cultivadores de podu. Completam a sua economia com a recolha e a venda de produtos florestais menores (produtos florestais não lenhosos).

Valmiki

Os Valmikis que vivem nas áreas de agência de Andhra Pradesh são apenas notificados como tribos registadas. Encontram-se nas zonas de agência da divisão de Paderu do distrito de Visakhapatnam. Afirmam ser descendentes do famoso sábio Valmiki, o autor do Ramayana.

A tribo Valmiki está dividida nos seguintes Gotramas, a fim de regular a instituição do casamento entre eles nas zonas tribais de Visakhapatnam. Naga bowse (serpente), Mastya bowse (peixe), Pogi bowse (papagaio), Jilla bowse (tigre), Vantala bowse (macaco), Korra bowse (sol), Bhallu bowse (urso), Poolu bowse (flor) e chilli bowse (cabra). Mas estes nomes de clãs estão ausentes nas zonas tribais do distrito de East Godavari.

O casamento por consentimento mútuo, o casamento por fuga, é o método de aquisição de parceiros, o recasamento de viúvas e o divórcio são permitidos. Os Valmikis são agricultores e trabalhadores florestais. Alguns deles tornaram-se comerciantes e agiotas. Vendem as panelas de barro também nas barracas. Praticam a cultura do podu nas encostas dos montes.

Padrão de habitação dos grupos tribais:

No distrito de Visakhapatnam, as tribos Konda dora, Kotias e Kondus vivem em grupos de casas chamadas cabanas. A disposição das povoações difere de tribo para tribo. As povoações de Konda doras, Nooka doras e Gadabas são, na sua maioria, multi-tribais. As aldeias de Malis variam entre 5 e 15 cabanas cada. Os Bagathas da divisão de Paderu vivem em casas rectangulares de forma linear. Cada povoação pode ser constituída por uma fila única de casas ou por filas paralelas de casas. Em cada fila de casas pode haver 8-15 porções independentes com um telhado de colmo.

Geralmente, as casas são construídas com bambu (*Bambusa arundinancea*), caules de palmeira e outras plantas produtoras de madeira. Os caules de palmeira são utilizados para cobrir os telhados das casas. As paredes são construídas com lama misturada com cinzas de erva queimada e são untadas com estrume de vaca.

Língua:

A língua entre estas tribos é tradicionalmente transmitida sem qualquer documento escrito. Os grupos Khondu e Porjas são grupos primitivos que têm o seu próprio dialeto na zona da agência, mas na zona da planície são igualmente competentes a falar telugu. Embora Bagatha e Konda dora tenham o seu próprio dialeto, adoptaram o telugu como língua materna. Os Mooka doras e os Bagathas falam Telugu e Adivasi Oriya. Os Khonds também têm o seu próprio dialeto, chamado "Khondu ou Samantha", mas falam geralmente telugu nas zonas planas.

Economia tribal:

A economia tribal é largamente influenciada pelo habitat em que vivem e pelo nível de conhecimentos acumulados sobre os recursos naturais e as competências para os explorar. As várias comunidades tribais têm níveis económicos diferentes.

Reuniões de comida:

As comunidades tribais que vivem em zonas florestais recolhem produtos florestais menores ou produtos florestais não madeireiros, como tamarindo, amla, folhas de adda, bambu, folhas de beedi, raízes, tubérculos, frutos silvestres e mel. Vendem-nos geralmente nos mercados semanais ou nos Shandys, conhecidos por "Santha".

Ocupação de povos tribais:

A principal ocupação da população tribal da divisão de Paderu no distrito de Visakhapatnam é a agricultura. A cultura do podu é um dos métodos antigos de cultivo, especialmente nas zonas montanhosas e nas encostas das colinas. **Cultivo itinerante e fixo:**

A principal ocupação de algumas destas tribos é a agricultura. A cultura itinerante ou cultura podu é um dos métodos antigos de cultivo praticado especialmente nas zonas de floresta e de montanha. Todos são basicamente cultivadores itinerantes. Alguns dos grupos tribais, especialmente os que vivem nas plantas, também praticam o cultivo fixo. O padrão de cultivo misto é praticado na cultura podu.

Método de cultivo do podu".

A tribo começa por selecionar uma zona de encosta onde exista boa vegetação. Após a seleção da área, num dia auspicioso, começam a cortar os arbustos e as árvores com a foice e o machado. Nesse dia, partem um coco para o deus. Se se tratar de uma árvore enorme que não possa ser retirada por eles, fazem buracos à volta do tronco na base e acendem fogo. A árvore murcha numa semana e cai lentamente no chão. Mas nunca cortam as árvores de fruto. Quando todos os arbustos que foram limpos secam, queimam-nos até ficarem em cinzas. Depois espalham as cinzas pelos campos. No verão, lavram o solo com um instrumento de madeira em forma de "V", com um cabo comprido e uma lâmina afiada numa das extremidades, que se chama "Nagali".

Depois disso, começam a espalhar as sementes. Depois de uma ou duas chuvas, as sementes germinam. Eles fizeram um galpão temporário para a fazenda de podu chamado "Manche". Durante a formação das espigas, vigiam os campos durante o dia e a noite a partir dessa manche. Geralmente, as tribos não usam fertilizantes ou pesticidas, mas utilizam extensivamente estrume de compostagem nos campos de podu. Cultivam arroz, grama vermelha, milho, sorgo e pennisetum (painço). Assim, cultivam a área durante 3 ou 4 anos e depois abandonam essa área e selecionam outra área com boa vegetação. Depois repetem o processo de cultivo.

Sistema de mercado nas zonas tribais

As tribos recolhem os produtos florestais de menor importância e vendem-nos em mercados semanais chamados 'Santa', nos quais estão disponíveis todos os tipos de artigos, legumes, sal, panelas e produtos alimentares. Dada a longa distância que têm de percorrer para chegar aos shandies, preferem comprar e vender antes do meio-dia e regressar às suas respectivas aldeias.

Costumes sociais

Cada comunidade tribal mantém distância social das outras tribos. Têm a sua própria instituição de controlo social chamada "kula panchayat". Os litígios como o divórcio, o casamento entre castas, etc., são resolvidos por este panchayath. Também participa ativamente nas cerimónias de casamento e na realização de feiras e festivais.

O casamento por negociação, por amor e por fuga, por serviço, por captura e por troca são formas socialmente aceites de aquisição de parceiros. Geralmente, a monogamia é uma regra, mas também se encontram famílias poligâmicas. Todas as tribos deste distrito celebram festivais e ocasiões de casamento.

Cuidados de saúde e medicina

Normalmente, as populações tribais não têm consciência e não se preocupam com os princípios de higiene da vida quotidiana, mas são resistentes a muitas doenças menores, ao contrário das comunidades urbanas civilizadas, devido aos seus hábitos alimentares e padrões de trabalho. Normalmente, sofrem de doenças como a malária, a febre tifoide e acidentes como picadas de escorpião, de cobra, etc.

Atualmente, a maioria destas populações tribais vive em zonas remotas, onde não existem instalações médicas avançadas disponíveis em tempo útil. Por isso, dependem sobretudo de médicos locais e de curandeiros tradicionais à base de plantas, chamados "Vaidhya" ou "Gurus", para o tratamento de várias doenças. Estes gurus e vaidya desempenham um papel importante nas comunidades tribais devido aos serviços que prestam à comunidade. São maioritariamente homens e não mulheres e esta prática e conhecimento é hereditário de pai para filho ou para qualquer parente próximo. Estes vaidyas transportam consigo a fé de toda a comunidade.

O sistema de cura tradicional baseia-se exclusivamente em ervas, arbustos e árvores disponíveis localmente. Os vaidyas recolhem diferentes plantas/partes de plantas das florestas, sobretudo durante a estação das chuvas, devido à sua abundância, e conservam-nas durante o resto do ano, ou podem preparar medicamentos imediatamente após a recolha e guardá-los para utilização posterior. Normalmente, preparam medicamentos a partir de uma única planta ou de partes de diferentes plantas e prescrevem doses com instruções dietéticas aos pacientes que os abordam por causa de várias doenças. Utilizam os seus remédios populares para curar diferentes doenças menores, como cortes e feridas, até doenças maiores, como febres, diabetes, asma, tensão arterial, reumatismo, problemas cardíacos, distúrbios digestivos e urinários, etc., e também dão antídotos para picadas de escorpião e cobra.

As populações tribais desta área, como Konda dora, Kondhs, Reddis, entre outras, têm conhecimentos adequados sobre diferentes plantas medicinais e procedimentos terapêuticos para curar várias doenças.

Organização e Liderança

A família é considerada como a unidade básica, sendo também importante para unidades de parentesco mais alargadas, como a linhagem. As pessoas que pertencem à mesma linhagem cooperam entre si em actividades agrícolas, cerimónias sócio-religiosas e construção de casas, etc. A sociedade tribal é também parcial. A regra de residência das mulheres após o casamento é parcial. O estatuto da mulher na sociedade é elevado em muitos aspectos, sendo ela responsável pela procura de alimentos, pela manutenção das nascentes, etc. Tanto os homens como as mulheres participam igualmente na recolha de produtos florestais e nas actividades agrícolas. Entre os grupos tribais do mandal, o chefe da aldeia (Vejjodu) é o chefe e é assistido pelo sacerdote (Jannodu) e pelo purohit chamado Deserodu. As tribos têm os seus próprios panchayats e conselhos para resolver os seus problemas. São menos afectadas pelas leis civis e raramente recorrem aos tribunais.

V. METODOLOGIA

Foram seguidas as abordagens e metodologias de trabalho etnomedicinal sugeridas por Jones (1941), Schultes (1960, 1962), Croom (1983), Jain (1987, 1989), Bellany (1993), Chadwick e Marsh (1994) e Cotton (1996). A ênfase foi dada principalmente ao trabalho de campo intensivo em habitações tribais selecionadas.

O objetivo do presente estudo é registar o conhecimento etnomedicinal, com especial referência às plantas medicinais possuídas pelos povos tribais. Estas representam as bolsas do património genético humano e têm habitats e hábitos distintos, com amplos conhecimentos sobre as propriedades medicinais das plantas que as rodeiam.

As entrevistas foram efectuadas com as populações tribais nas suas habitações. Durante as entrevistas orais, foram feitas perguntas específicas e as informações fornecidas pelos informadores foram registadas. Os dados foram verificados em diferentes aldeias entre os entrevistadores que apresentavam a mesma amostra de plantas e até com os mesmos informadores em diferentes ocasiões. Os informadores conhecedores foram levados para o campo e, juntamente com a recolha de plantas para os espécimes, foi anotada a utilização das plantas, tal como foi dada pelos informadores tribais.

Os dados etnomedicinais aqui apresentados são o resultado de uma série de estudos de campo intensivos efectuados durante um período de dois anos e meio em 44 bolsas tribais interiores com uma boa cobertura florestal na área de estudo. As bolsas de estudo, em termos de mandal, são: 6 em Paderu e Pedabayalu, 5 em G.K. Veedhi, 4 em Chintapalli, G. Madugula, Koyyuru e Dumbriguda, 3 em Araku Valley, Ananthagiri e Hukumpeta, 2 em Munchingput foram selecionadas com a ajuda da Integrated Tribal Development Agency (ITDA) e do Departamento Florestal. Foi também consultado o Censo da Índia (2011).

A visita de estudo à área de campo foi totalmente dedicada a familiarizar-se com os chefes locais, sacerdotes, vaidhyas, médicos fitoterapeutas, chefes de família, pessoas idosas e também a recolher informações sobre costumes, crenças, tabus, ritos religiosos, hábitos alimentares, práticas agrícolas, etc., que foram cruzadas, analisadas criticamente e documentadas. As visitas de campo subsequentes destinaram-se a recolher informações sobre as utilizações medicinais e outras utilizações das plantas por eles utilizadas, tendo sido registados o método e a hora da recolha, os ingredientes utilizados, o modo de aplicação, a dosagem e a duração. Em 44 bolsas da área de estudo, foram consultados 79 vaidhyas e praticantes.

Para além dos informadores selecionados aleatoriamente no terreno, os curandeiros das aldeias e dos shandies também contribuíram com os seus conhecimentos etnomedicinais para o presente estudo. Cada prática medicinal foi cruzada com pelo menos 3-4 informadores. Em alguns casos em que os indivíduos se apresentaram para curar doenças específicas, tornou-se muito difícil obter informações sobre práticas medicinais. As visitas frequentes e o relacionamento ganharam a sua confiança na integridade do trabalho e alguns revelaram as práticas com o método de preparação e dosagem. Com o aumento da frequência das visitas de campo, desenvolveu-se uma melhor relação com as pessoas que, por sua vez, abriram caminho para um fluxo desinibido de informações, mesmo sobre problemas como o aborto e a antifertilidade, por parte das mulheres.

Os dados etnomedicinais aqui apresentados são o resultado de uma série de estudos de campo intensivos efectuados durante um período de dois anos e meio em 44 bolsas tribais interiores com uma boa cobertura florestal na área de estudo.

Em geral, todos os habitantes locais conheciam a cura herbal para a maioria das doenças comuns, como cortes, dores, febre, dores de cabeça, feridas e entorses. Foram efectuadas visitas de campo subsequentes, em diferentes estações do ano, no mesmo local, para recolher informações adicionais e também para confirmar os dados já recolhidos. Quanto mais frequente for a visita às zonas tribais, melhor será a relação com as pessoas, o que, por sua vez, abre caminho a um fluxo desinibido de informações.

Por vezes, foram realizadas discussões com chefes locais, sacerdotes e médicos fitoterapeutas, não só para recolher informações, mas também para confirmar as utilizações dos dados etnobotânicos e foram recolhidos os nomes locais, que variam de local para local. Durante o trabalho de campo, houve um cuidado especial em registar os dados sobre a fenologia, o hábito e o habitat, os aspectos conservacionistas, as pessoas e a sua vida, bem como os relatórios dos intérpretes, guias, curandeiros e outras pessoas conhecedoras. Foram feitas todas as tentativas para localizar as plantas. Estas foram então envenenadas numa solução saturada de cloreto de mercúrio em álcool etílico. Depois disso, foram prensadas e os espécimes de herbário foram preparados de acordo com os métodos convencionais. Foram depositados no herbário, Departamento de Botânica, Universidade de Andhra, Visakhapatnam.

As identificações das plantas foram efectuadas com a ajuda da Flora of the Presidency of Madras (Gamble, 1915-1935), utilizando as observações de campo. Na enumeração, as espécies vegetais de interesse etnobotânico estão ordenadas por ordem alfabética. Seguem-se o nome da família, o número do exemplar e o nome vernáculo. É também incluída uma breve descrição das espécies, reflectindo os caracteres distintivos, as épocas de floração e frutificação e a distribuição. Finalmente, os dados etnomedicinais são apresentados em pormenor, seguidos do modo de preparação, administração e dosagem dos medicamentos. As abreviaturas das referências citadas no texto são as mesmas que constam em Botanico-Peridium-Huntiana (1968).

Os usos relatados pelas tribos foram comparados e examinados minuciosamente com os trabalhos importantes como Chopra *et al.,* (1949, 1956, 1958, 1969), The Wealth of India (1948-1976), Tarafder (1983 a, b), Jain (1991) e Kirtikar e Basu (2003) e de modo a avaliar e trazer novas plantas para a agenda das plantas medicinais.

VI. ENUMERAÇÃO DAS PLANTAS ETNOMEDICINAIS

Abrus precatorius L. Fam: Fabaceae VN: Guruvinda

Folhas paripinadas, folíolos 10-13 pares, opostos, inteiros; racemos terminais ou axilares, flores agrupadas, cor-de-rosa; vagem oblonga, enrugada; semente vermelho-sangue, com uma mancha lateral preta à volta do hilo.

Fl. e Fr: Jul.-Fev.   Local: Gangavaram.   LMN: 17033

Aborto: 2 ou 3 sementes em pasta misturadas num copo de água e administradas uma vez por dia antes do pequeno-almoço durante 3 dias.

Tosse: Uma colher de sumo de folhas administrada diariamente duas vezes durante 3 dias.

Disenteria: Uma colher de pasta de raiz com meia colher de mel administrada duas vezes por dia durante 2 dias.

Epilepsia: 2 colheres de extrato de raiz misturado com leite e administrado uma vez por dia durante 3 dias.

Dores musculares: Pasta de raiz aplicada nas áreas afectadas.

Artrite reumatoide: Raízes juntamente com as de *Canavalia virosa* esmagadas até formar uma pasta e o sumo aplicado externamente nas áreas afectadas até à cura.

Acacia sinuata (Lour.) Merr. Fam: Mimosaceae VN: Shikaya

Arbusto robusto e esgalgado, com espinhos em forma de gancho; folíolos com mais de 20 pares, com uma glândula grande a meio ou abaixo do pecíolo e uma glândula entre os dois pares de pinas superiores; flores brancas, axilares ou terminais, globosas; estames basalmente conotados; vagem lomentosa, linear-oblonga, carnuda quando jovem e enrugada quando seca, deprimida entre as sementes.

Fl. e Fr.: Fev.-MaioLocal   : KinchumandaLMN: 17444

Catarata: 2 colheres de sopa de pasta de sementes misturadas num copo de água e administradas para limpar os olhos uma vez por dia durante 3 dias.

Caspa: Massa de sementes massajada no couro cabeludo uma vez por dia durante uma semana.

Doenças oftalmológicas: 200 g de folhas tenras, juntamente com 20 g de malagueta vermelha em pó e uma pitada de sal, fritas em óleo de palma e transformadas em pickles. Este pickle é comido juntamente com as refeições uma vez por dia durante uma semana.

Acalypha indica L. Fam:Euphorbiaceae VN: Kuppinta

Erva erecta até 75 cm; ramos estreitos, pouco pubescentes; folhas largamente ovadas, arredondadas a pouco alternas, crenado-serrilhadas, ápice agudo, glabras; metade estaminada floresce acima do meio; pistilada uma vez na metade inferior.

Fl. e Fr: Todo o anoLoc: Gudem LMN: 17583

Icterícia: folhas com as de *Justicia adhatoda, Eclipta prostrata, Centella asiatica, Phyllanthus amarus, Coccinea indica* e *Momordica charantia* tomadas em quantidades iguais e moídas e transformadas em comprimidos do tamanho de sementes de noz de sabão. Um comprimido administrado com cunjee de arroz ou leite de manteiga duas vezes por dia durante 3 dias.

Picada de escorpião: Pasta de folhas aplicada nas áreas afectadas e 20 g desta pasta também administrada por via oral.

Achyranthes aspera L. Fam:Amaranthaceae VN: Duchini

Erva erecta e ramificada; folhas variáveis, pubescentes em ambas as faces; flores branco-esverdeadas, em espigas terminais delgadas, brácteas ovadas, bractéolas espinhosas, asas hialinas, largas; estames 5, alternados com estaminódios apêndices; urticária oblonga encerrada no perianto endurecido; fruto deflexo, facilmente aderente a animais e tecidos.

Fl. e Fr.: Durante todo o ano.   Local: Uppa LMN: 17453

Antídoto: 3 colheres de sopa de pasta de sementes misturadas num copo de água quente e administradas duas vezes por dia como antídoto para a mordedura de qualquer animal venenoso.

Furúnculos: Pasta de raiz primária e folha jovem aplicada externamente para suprimir os furúnculos.

Varicela: Pasta de folhas com resina de *Shorea robusta* e neem aplicada no corpo durante uma semana.

Tosse: Folhas secas transformadas em charutos e o fumo inalado durante 2 dias.

Cortes: Pasta de folhas aplicada nas áreas afectadas diariamente uma vez durante 3 dias. **Disenteria:** 15 folhas moídas juntamente com 12 sementes de *P. nigrum* e uma colher de mel. Uma colher desta pasta administrada com um copo de água quente de uma em uma hora durante um dia.

Icterícia: Folhas tenras juntamente com as de *Careya arborea, M. pudica* e *Zizyphus mauritiana* esmagadas até formar uma pasta e a pasta juntamente com leite de vaca administrada durante 7 dias.

Acorus calamus L.   Fam: Araceae VN: Vasa

Erva aromática com raízes tuberosas; folhas dispersas, reniformes; flores azuis, folhas florais muito reduzidas; pilosas; frutos oblongos, folículos; sementes obovóides.

Fl. e Fr: Sept.   Local: BakuruLMN: 17513

Frio: Rizoma seco e torrado. O pó do rizoma misturado com mel e administrado diariamente durante uma semana.

Prisão de ventre: Uma colher de chá de pó de rizoma seco misturado com pó de sementes de *Terminalia chebula* e administrado com água quente à hora de deitar durante 5 dias.

Artrite reumatoide: Cataplasma de raiz aplicado sobre a área afetada até à cura.

Adiantum lunulatum Burm. Família: Adiantaceae. VN: Gatumandu Samambaia herbácea ereta rizomatosa, até 30 cm de altura, rizoma densamente escamoso. Frondes (folhas) 2-3 pinadas, o pinna mais baixo ligeiramente ramificado de novo, margens exteriores incisas. Sori elípticos ou lineares, dispostos em seios arredondados, um em cada lóbulo.

Fl. e Fr: Jul.-Nov.   Loc: Tarlasingi OAK: 17501

Abortivo: Uma decocção do feto usada como abortivo. **Diabetes:** Utiliza-se uma decocção do feto.

Ataques epilépticos: O rizoma utilizado para os ataques epilépticos

Herpes: A pasta do rizoma é aplicada para o herpes.

Picada de escorpião: A pasta de rizoma é aplicada na picada de escorpião.

Aegle marmelos L. Correa Fam:Rutaceae VN: Maredu

Árvore de porte pequeno ou médio, perene; folhas 3-folioladas, folíolos ovado-elípticos; flores branco-esverdeadas, de perfume adocicado, em panículas laterais curtas; pétalas com pontos de glândula; fruto ovoide globoso, sementes numerosas embebidas em polpa aromática.

Fl. e Fr: Abr.-Jun.   Loc: Jerrela, Minumuluru LMN: 17430

Cólera: Tritura-se a casca do caule com *Piper nigrum* e filtra-se o extrato. 2 colheres do extrato dadas três vezes por dia durante 3 dias.

Frio: Colocar a folha nas narinas uma vez por dia durante 5 dias.

Diabetes: Cerca de 10 ml de sumo de folhas administrado com 5 sementes *de Piper nigrum* duas vezes por dia durante dois meses.

Diarreia: A polpa do fruto é administrada por via oral até à cura.

Indigestão: 5 g de polpa de frutos administrados por via oral após as refeições.

Leucorreia: Pasta de folhas tomada por via oral durante uma semana.

Aerva lanata (L.) Juss Fam: Amaranthaceae VN: Pindikura

Erva anual, erecta ou suberecta, até 75 cm de altura; folhas alternas a subopostas, ovadas, pubescentes em cima, brancas e lanosas em baixo; flores branco-esverdeadas em espigas axilares densas; sementes anulares, testa brilhante, preta.

Fl. e Fr: Durante todo o ano Local: Sirgaon, Mampa, LMN: 17455 **Dor de cabeça:** 5 ml de extrato de raiz administrado duas vezes por dia durante 3 dias.

Pedras nos rins: 10 ml de sumo da planta inteira administrados por via oral uma vez por dia durante um período de 21 dias para dissolver pedras nos rins.

Leucorreia: 4 colheres de sumo da planta inteira misturado com uma pitada de cânfora, administradas diariamente duas vezes durante 5 dias.

Alangium salvifolium (L.f.) Wang. Fam: Alangiaceae VN: Uduga

Pequena árvore de folha caduca, com ramos espinescentes e casca cinzenta; folhas simples, espiraladas, membranosas, acuminadas; flores em cachos axilares, pequenas, brancas, perfumadas, lanosas; baga globosa, coroada por um cálice persistente, de cor vermelha arroxeada a preta.

Fl. & Fr.: Mar.-Jun.   Loc: Tyada, Gudem LMN: 17467

Artrite reumatoide: Extrato de folha aquecido com óleo de rícino aplicado externamente na área afetada até à cura.

Paralisia: Casca do caule moída com *Piper nigrum* e a pasta administrada duas colheres por dia durante 7 dias.

Aloe vera (L.) Burm.f. Fam: Liliaceae VN: Kalabanda

Erva estolonífera; folhas densas, agregadas, suculentas, ensiformes, verde-pálido com espinhos distantes nas margens; escapo com 60-90 cm de comprimento, simples; racemo denso, flores amarelo-avermelhadas, bissexuais, fruto cápsula, elipsoide.

Fl. e Fr: Todo o anoLoc:Chompa,Araku

     LMN: 17420

Furúnculos e feridas: Parte carnuda das folhas aquecida e aplicada sobre as partes afectadas.

Dores no peito: Folhas trituradas com as sementes de *Strychnos potatorum*, o extrato ligeiramente aquecido e administrado em doses de 1 colher duas vezes por dia durante 3 dias.

Constipação e tosse: 2 colheres de sopa de polpa de folhas fritas num pouco de ghee e comidas com açúcar mascavado três vezes por dia durante 3 dias.

Caspa: A pasta de folhas inteiras é aplicada no couro cabeludo e, após uma hora, a pasta é lavada com água quente suave.

Leucorreia: 5 ml de sumo extraído das folhas esmagadas, uma vez por dia, durante 7 dias.

Alstonia venenata R.Br. Fam: Apocynaceae VN: Edakulapala

Árvore pequena, até 4 m de altura; folhas em espirais, oblongo-lanceoladas; flores brancas em cimas terminais, sub-umbeladas, dicotómicas; fruto folicular, até 12 cm de comprimento, sementes com tufos de pêlos.

Fl. e Fr: Fev-Jul.   Local: Revallu, Chompa OAK: 17460

Anti-helmíntico: A casca do caule juntamente com *Piper longum* transformada num extrato e administrada em doses de 5 colheres duas vezes por dia durante 3 dias. ***Amaranthus spinosus*** L. Fam: Amaranthaceae VN: Mulla thotakoora

Erva erecta; folhas deltóides ovadas a romboides, base truncada a atenuada, inteira a ondulada; inflorescência axilar e panículas terminais, pendentes; semente orbicular, utrículos comprimidos, pontiagudos, indeiscentes, testa brilhante.

Fl. e Fr.: Durante todo o ano.   Local: Mampa LMN: 17448

Dispepsia: Raiz e rizoma de *Zingiber officinale* tomados em quantidades iguais e triturados. Uma colher de pasta administrada diariamente duas vezes durante 2 dias.

Espinhas: Cinzas de frutos secos misturadas com água e aplicadas sobre as borbulhas duas vezes por dia durante 3 dias.

Amorphophallus paeoniifolius (Dennst.) Fam: Araceae

VN: Adavi kanda

Erva cornácea robusta, cormo globoso deprimido; folhas com 30-90 cm de diâmetro, segmentos pinados ou bipinatissectépalos verde-escuros com manchas mais pálidas, espatas amplamente campanuladas; flores amarelo-pálido; bagas obovóides, vermelhas, com 2-3 sementes.

Fl. & Fr.: Mar.-Aug. Local: Kakarapadu, Kitumula LMN:17352 **Fratura óssea:** 3 colheres de pasta de cormo misturada com uma colher de sumo de limão aplicada na parte afetada e enfaixada até à cura.

Dor de ouvidos: Uma colher de sumo de cormo misturado com uma colher de óleo de mostarda. Duas gotas instiladas no ouvido diariamente, duas vezes durante 3 dias.

Andrographis paniculata (Burm.f.) Wall. *ex* Nees. (Fig. 3.2) Fam: Acanthaceae VN: Nelavemu

Erva erecta, com cerca de 80 cm de altura; ramos sub-quadrangulares, estriados, pubérulos; folhas oblongas, lineares; flores esbranquiçadas com marcas cor-de-rosa, em racemos terminais, paniculados; cápsulas linear-elípticas; recurvadas durante a deiscência; sementes 8.

Fl. e Fr: Jul.-Dez. Local: Vangasara, Annavaram LMN: 17358 **Asma:** Caule misturado com o de *Gymnema sylvestre* e folhas de *Justicia adhatoda*, moído e a infusão dada oralmente até à cura.

Desparasitação: 3 ml de decocção de folhas administrados uma vez por dia durante 7 dias.

Diabetes: Folhas em pó com as de *Syzigium jambolanum, Zizyphus rugosa, Aegle marmelos, Gymnema sylvetrse* e tubérculos de *Corollocarpus epigaeus* (rácio 2:1) e administradas com água quente durante 20 dias.

Leucorreia: Folhas com casca do caule de *Madhuca indica* e *Zizyphus xylopyrus* tomadas em quantidades iguais e transformadas em pó. Foi transformado em comprimidos do tamanho de sementes de noz de ervilha. Dois comprimidos administrados duas vezes por dia durante 30 dias

Malária: Três colheres de extractos de raízes e folhas administradas duas vezes por dia durante 5 dias.

Annona squamosa L. Fam:Annonaceae VN: Sita phalam

Arbusto ou pequena árvore; folhas elípticas ou oblongo-lanceoladas, glabrescentes; flores esverdeadas, solitárias, em pedúnculos opostos às folhas ou 2-4 em cacho, fruto um sincarpo carnudo.

Fl. & Fr.: Abr.-Nov.   Loc: SanthariOAK: 17448

Aborto: Pasta de raiz juntamente com água dada uma vez por dia com o estômago vazio para o aborto de uma gravidez de 3 meses.

Antídoto: Sumo de casca de árvore administrado imediatamente após a picada da cobra.

Asma: 10 folhas e 30 g de casca fervidos em 1 copo de água até reduzir para meio copo e administrados por via oral uma vez por dia até à cura.

Argyreia nervosa (Burm. f.) Fam:Convolvulaceae

VN:amudra pala

Grande arbusto lenhoso trepador com caules brancos e tomentosos; folhas simples, grandes, ovadas e agudas, flores rosa-púrpura em cimeiras axilares; corola tubular, baga do fruto ovoide; sementes 2-4.

Fl. e Fr: Jul.-Dez. Local: Vantlamamidi, Busuputtu LMN: 17478 **Furúnculos:** folhas mergulhadas em óleo de rícino e ligeiramente aquecidas e as folhas do verme aplicadas em furúnculos.

Artrite reumatoide: Uma pasta de raízes feita com água de arroz e aplicada sobre as partes inchadas até à cura.

Arisaema tortuosum (Wall.) Fam: Araceae VN: Dhamma saaru

Ervas tuberosas; folhas 1-2, folíolos radiados; espádice com apêndice muito mais comprido do que a espata, bainhas purpúreas, tubo subcilíndrico, acuminado, limbo recurvado; flores monóicas ou dióicas.

Fl. e Fr: Set.-Nov.   Local: AddamundaLMN: 16473

Dor de cabeça: Pasta de tubérculos misturada com *Curcuma longa* e aplicada na cabeça.

Artrite reumatoide: Óleo do tubérculo aplicado nas partes afectadas até à cura.

Aristolochia indica L. Fam: Aristolochiaceae VN: Nalla eswari

Arbusto rasteiro até 2 m; folhas muito variáveis, oblongas a obovadas, com 3 nervuras a partir da base, nervuras laterais 3-4, convergentes para o ápice, truncadas a subcordadas ou panduriformes, ápice obtuso a acuminado; racemos axilares ou terminais, 8-15 flores, púrpura escuro.

Fl. e Fr: Jul.-Dez.   Loc: Duduma, Peddavalasa

LMN: 17472

Diarreia: Raízes moídas com as de *Holarrhena pubescens, Madhuca longifolia, Orthospihon rubicundus* e sementes de cominho. A pasta é administrada durante 5 dias.

Artrite reumatoide: 5 cm de raiz esmagada com pimenta preta e sumo morno de Luke tomado duas vezes por dia durante 2-3 dias.

Picada de cobra: Raízes moídas com gengibre seco *Zingiber officinale* e a pasta aplicada na parte mordida.

Artocarpus heterophyllus Lam. Fam: Moraceae VN: Panasa

Árvore de folha perene; folhas simples, obovadas-oblongas, coriáceas; inflorescência cauliflorosa; flores solitárias, geralmente em receptáculos axilares; fruto sincarpo, tuberculado, oblongo.

Fl. e Fr.: Dez.-MaioLocal   : G. MadugulaLMN: 17473

Doenças de pele: Aplicar uma pasta de folhas tenras na zona afetada até à cura.

Tuberculose: A parte comestível do fruto é mantida num pote de barro com açúcar de cana em camadas alternadas, e depois o pote é selado com um pano grosso e mantido à luz do sol durante 21 dias, mais tarde todo o material é triturado numa pasta, administrada durante 21 dias.

Asparagus racemosus Willd. Fam: Liliaceae VN: Pilli peechera

Trepadeira armada, ramos glabros, espinhos erectos; folhas escamosas, triangulares, rígidas, acuminadas, cladódios 2-6 lineares, estreitos, inteiros, ápice acuminado; racemo solitário ou 3 em cacho; pedúnculo muito reduzido; flores brancas, perfumadas; baga globosa, amadurecendo vermelha; sementes 3-6, globosas.

Fl. e Fr: Jul.-Out.   Local: NurmatiLMN: 17458

Bronquite: 2 colheres de sopa de pasta de tubérculos misturada com uma colher de mel e administrada diariamente duas vezes durante 5 dias.

Diabetes: Tubérculo com os de *Mirabilis Jalapa*, *Boerhavia chinesis* e raízes de *Plumbago auriculata* tomados em quantidades iguais e embebidos em água de cal durante 2 dias, secos e em pó. 2 colheres de pó misturadas num copo de leite de vaca e administradas diariamente duas vezes durante 3 dias.

Fertilidade: Tubérculo com as de *Bombax ceiba*, *Boerhavia chinensis* e sementes de *Piper nigrum* tomadas em quantidades iguais e moídas. 2 colheres de sopa de pasta misturadas num copo de leite de cabra e administradas de manhã cedo a partir do 3rd dia da menstruação durante 5 dias.

Tumores no estômago: 3 colheres de pó de raiz tuberosa misturado num copo de leite de vaca administrado depois do jantar, antes de dormir, durante 40 dias.

Infecções urinárias: Tubérculo com casca de caule de *Azadirachta indica*, raiz de *Rauvolfia serpentina* e sementes de *Withania somnifera* tomadas em quantidades iguais e moídas. 2 colheres de sopa de pasta misturadas num copo de água e administradas diariamente duas vezes durante 2 dias.

Feridas: Pasta de raiz tuberosa aplicada nas áreas afectadas diariamente, duas vezes durante 2 dias.

Azadirachta indica A. Juss. Fam: Meliaceae VN:Vepa chettu

Árvore de grande porte, até 15 m de altura; folhas alternas, compostas, imparipinadas, folíolos 5-6 pares, ovado-lanceolados, subopostos, glaucos, oblíquos, crenado-serrilhados, ápice agudo a acuminado; flores creme ou branco-amareladas em panículas axilares; frutos drupas unisseminadas com endocarpo lenhoso amarelo-esverdeado quando maduros, sementes elipsóides, oblongas a globosas, amarelas quando maduras.

Fl. e Fr: Mar.-Jun.   Loc: Sapparla, Dharakonda

LMN: 17463

Alergia: Um punhado de folhas tenras mastigadas com o estômago vazio, de manhã cedo, durante 3 dias.

Disenteria: Goma da casca do caule misturada com sementes de *Ocimum basilicum* e transformada em pó. Faz-se uma decocção e administra-se uma colherada por dia, duas vezes durante 3 dias.

Apetite: um punhado de flores jovens fritas é administrado diariamente duas vezes durante 5 dias para aumentar o apetite.

Fratura óssea do gado: A casca da raiz de *Polyalthia longifolia* e o caule de *Cissus quadrangularis* são tomados em quantidades iguais e moídos. Uma pasta misturada com albumina de ovo e cal é aplicada nas áreas afectadas e enfaixada durante 15 dias em bovinos e outros animais domésticos.

Varicela: Pasta de folhas misturada com curcuma e aplicada nas áreas afectadas diariamente duas vezes até à cura.

Frio: Folhas e tubérculos de *Dioscorea pentaphylla* tomados em quantidades iguais e moídos. 2 colheres de sopa de pasta misturada com uma colher de mel e administrada diariamente uma vez durante 3 dias. Entretanto, pasta embebida em água quente e inalada diariamente uma vez durante 3 dias.

Prisão de ventre: As folhas e as raízes de *Operculina turpethum*, as sementes de *Piper nigrum* e *Ricinus communis* são tomadas em quantidades iguais e moídas. 2 colheres de pasta misturadas num copo de água quente são administradas diariamente duas vezes durante 3 dias.

Caspa: Pasta de folhas aplicada externamente no couro cabeludo diariamente uma vez por uma hora antes do banho de cabeça durante 3 dias.

Diabetes: um punhado de flores embebidas num copo de água durante uma hora é administrado de manhã cedo, uma vez por dia, durante 15 dias.

Eczema: Sementes misturadas com uma pitada de curcuma e óleo de coco aplicadas nas áreas afectadas diariamente duas vezes durante 3 dias.

Dor no peito: a casca do caule com outras de *Litsea glutinosa, Phyllanthus emblica, Terminalia bellirica, Terminalia chebula* e folhas de *Phyllanthus amarus* são tomadas em quantidades iguais e moídas. 2 colheres de pasta misturadas num copo de leite de cabra são administradas diariamente uma vez durante 15 dias.

Febre intermitente: A casca do caule e as sementes de *Piper nigrum* foram tomadas em quantidades iguais e transformadas em pó. O pó foi transformado em comprimidos do tamanho de sementes de amendoim e 2 ou 3 comprimidos foram administrados diariamente duas vezes durante 5 dias.

Icterícia: Uma colher de pasta de casca de caule torrada misturada com uma colher de açúcar é administrada diariamente duas vezes durante 5 dias.

Lepra: A casca do caule com as de *Bauhinia variegata* e o caule de *Tinospora cordifolia* são tomados em quantidades iguais e moídos. 2 colheres de pasta misturadas num copo de água são administradas diariamente duas vezes durante 15 dias.

Perturbações mentais: As folhas com as de *Eclipta prostrata, Aloe vera, Ocimum tenuiflorum* e *Andrographis paniculata* são tomadas em quantidades iguais e moídas. 2 colheres de pasta misturadas em água e administradas diariamente uma vez durante 30 dias.

Mordedura de rato: A pasta de sementes misturada com curcuma em pó é aplicada na área mordida.

Artrite reumatoide: Sementes com as de *Piper betle, glóbulos de* eucalipto e *Aloé vera* são tomadas em quantidades iguais e moídas. A pasta misturada com uma pitada de cânfora é aplicada nas áreas afectadas diariamente, duas vezes durante 3 dias.

Verme anelar: A pasta de folhas misturada com uma pitada de curcuma foi aplicada nas áreas afectadas.

Espermatorréia: A casca do caule e as folhas de *Moringa oleifera* e *Solena heterophylla* são tomadas em quantidades iguais e moídas. 2 colheres de sopa de pasta e uma pitada de açúcar misturados num copo de leite de vaca são administrados diariamente uma vez durante 5 dias.

Dores de estômago: Casca da raiz com casca do caule de *Gardenia latifolia* e sementes de *Coriandrum sativum* tomadas em quantidades iguais e moídas. 2 colheres de sopa de pasta misturada num copo de água quente e administrada diariamente duas vezes durante 3 dias.

Dor de estômago no gado: A casca do caule com as de *Mangifera indica* e *Syzygium cumuni* são tomadas em quantidades iguais e transformadas em pó. 100 g de pó misturados em 750 ml de água são administrados diariamente duas vezes durante 3 dias.

Azima tetracantha Lam. Fam: Salvadoraceae

VN: Tella uppi

Arbusto; ramos numerosos, quadrangulares; folhas elípticas, espinhos axilares, 4 menos ou mais; flores dióicas; sementes 1-2.

Fl. e Fr: Out.-Abr. Local: Onjeri, SholabhamLMN: 17431

Asma: Raízes moídas em pasta juntamente com as de *Abrus precatorius* e *Piper nigrum* e administradas por via oral até à cura.

Artrite reumatoide: Folhas e raízes esmagadas e aquecidas em lume brando e massajadas suavemente no corpo.

Bacopa monnieri **(L.)** Penn. (Fig. 3.3) Fam: Schrophulariaceae VN: Neeti brahmi.

Erva suculenta prostática; folhas sésseis obovadas-oblongas; flores solitárias azuis ou brancas; cápsula ovoide.

Fl. e Fr: Durante todo o anoLocalização   : Onjeri, Kimidipilli

LMN: 17431

Diabetes: Uma decocção da planta inteira administrada diariamente durante um mês. **Problemas respiratórios:** a planta inteira foi usada para preparar uma pasta e tomada oralmente pelas tribos para controlar problemas respiratórios e epilepsia.

Barringtonia acutangula (L.) Gaerta. Fam: Barringtoniaceae VN: Kadapa chettu

Árvore até 10 m, folhas obovadas, crenadas agudas a acuminadas, cuneadas, nervuras laterais 10-12 pares; inflorescência pendente; flores pediceladas; lóbulos do cálice distintos nos botões, filamentos cor-de-rosa; frutos fibrosos, quadrangulares.

Fl. e Fr: Fev.-MaioLocal   : RudakotaLMN: 17490

Dores de cabeça: As folhas são transformadas numa pasta e aplicadas na testa.

Neurite periférica: Casca do caule juntamente com as de *Calotropis gigantea, Pongamia pinnata, Casearia elliptica* e raízes de *Aristida funiculata* moídas até formar uma pasta. Acrescenta-se também *Piper longum* como ingrediente. Comprimidos administrados duas vezes por dia durante 3 dias.

Artrite reumatoide: Casca do caule depois de triturada com as raízes de *Barleria prionitis, Calotropis procera, Plumbago zeylanica,* tubérculos de *Corallocarpus epigaeus, Costus speciosus* e sementes de *Macrotyloma uniflorum* cozinhadas numa panela de barro e comprimidos do tamanho de amendoins feitos e administrados até à cura.

Bauhinia racemosa Lam. (Fig. 3.4) Fam: Caesalpiniacea

VN: Ari

Árvore caducifólia de porte médio; casca enegrecida, muito rugosa, com fissuras verticais profundas; folhas mais largas do que compridas, conadas a dois terços do seu comprimento, 7-9 nervuras, cordadas, inteiras, de ápice obtuso, mucronadas; racemos terminais e opostos às folhas; flores brancas ou amarelas em pedicelos curtos; cálice turbinado, profundamente 5-lobado; vagem oblonga, torcida ou falcada, 10-20 sementes.

Fl. e Fr: Abr.-Dez.   Loc: Panasaputtu LMN: 17495

Asma: A pasta da casca do caule é consumida até à cura.

Diarreia: Cinco colheres do extrato da casca da raiz administradas duas vezes por dia durante 5 dias.

Leucorreia: Extrato fresco da casca do caule misturado com pimenta e administrado 2-3 vezes.

Infecções oculares: Deitar duas gotas de sumo de folhas tenras nos olhos.

Bauhinia vahlii Wight & Arm. Fam: Caesalpiniaceae VN: Addaku

Trepadeira lenhosa de grande porte, com gavinhas circinadas, folhas simples, profundamente lobadas, cordadas; flores brancas em racemos corimbosos terminais; vagem lenhosa, plana e aveludada.

Fl. e Fr: maio-Fev.   Local: Guntaseema, Kandrungo

LMN: 17497

Disenteria: 5 colheres de extrato de raiz administradas duas vezes por dia durante 3 dias.

Sífilis: 5 ml de extrato de raiz administrados por via oral duas vezes por dia durante 7 dias.

Feridas: O sumo da casca e da folha aplicado externamente na área afetada.

Boerhaavia diffusa L. Fam: Nyctaginaceae VN: Punarnava

Erva anual, difusa, ascendente, muito ramificada; folhas opostas, de tamanho e forma variáveis; flores cor-de-rosa em panículas axilares e terminais umbeladas; fruto antocarpo, glandular.

Fl. e Fr: Abr.-Out. Local: SunkarimettaLMN: 17498

VIH: Planta inteira desta planta juntamente com *Centella asiatica* e *Piper longum* misturadas na proporção de 5:3:2 e moídas em pasta. O extrato assim obtido é administrado em doses de 2 colheres duas vezes por dia.

Leucorrhora: 15 ml de decocção da planta, por via oral, uma vez por dia, durante 3 dias.

Bombax ceiba L. Fam:Bombacaceae VN: Buruga

Árvore caducifólia alta, até 30 m de altura, armada de espinhos, casca acinzentada, lisa; folhas aglomeradas nas extremidades dos ramos, folioladas digitadas, glabras; flores grandes, solitárias ou emparelhadas, carmesim vivo; fruto cápsula, oblongo; sementes numerosas, envolvidas por uma densa penugem branca e sedosa.

Fl & Fr.: Fev.-MaioLocal   : Galikonda LMN: 17471

Luecorreia: Pasta preparada a partir da raiz de folhas com cerca de 2-5 cm de comprimento, tomada com leite de cabra com o estômago vazio durante 3 dias.

Perturbações menstruais: Casca da raiz esmagada com *Allium sativum* e o extrato administrado em doses de 2 colheres uma vez por dia durante 5 dias após a menstruação.

Doença de pele: Aplicação de óleo de sementes para eliminar as cicatrizes.

Bridelia retusa (L.) Spreng (Fig. 3.5) Fam: Euphorbiaceae VN: Koramanu

Árvore caducifólia de grande porte, com espinhos na casca quando jovem; casca cinzenta ou castanha, rugosa com fissuras longitudinais e esfoliante em placas longas e irregulares; folhas rigidamente coriáceas, elíptico-oblongas, ovadas ou obovadas, ligeiramente crenuladas; flores em cachos axilares e terminais; drupa globosa, escamada no cálice pouco dilatado.

Fl. e Fr: Jun.-Dez. Local: Karakavalasa, Gamparayi

CARVALHO: 17513

Dores no peito: Casca do caule esmagada com as de *Butea superba* e *Lannea coromandelica* e o filtrado administrado em doses de 1 colher duas vezes por dia durante 3 dias.

Artrite reumatoide: 2 colheres de extrato de casca de caule administradas por via oral uma vez por dia.

Buchanania lanzan Spreng Fam: Anacardiaceae VN: Chinna murli

Árvore de porte moderado; ramos com cicatrizes foliares proeminentes; folhas ovadas, inteiras; panículas mais curtas do que as folhas; pétalas creme; drupa ovoide-oblonga, preta quando madura.

Fl. e Fr: Jan.-maio Loc: Peddavalasa, Kandrungo

LMN: 17515

Furúnculos: Pasta da casca do caule com óleo *de Ricinus communis* aplicada em furúnculos.

Diarreia: Casca do caule em pó com a de *Syzygium cumini* uma colher deste pó administrada duas vezes por dia durante 3 dias.

Butea monosperma (Lam.) Fam:Fabaceae VN: Moduga chettu.

Árvore caducifólia de porte moderado; folhas trifolioladas, glabras, coriáceas, largamente obovadas; flores que surgem antes das folhas, de cor amarelo-alaranjada-escarlate; vagem achatada, indeiscente, com castanho aveludado espesso. Fl. & Fr.: Mar.-MaioLocal : Tyada, BakuruLMN: 17118

Antifertilidade: Os extractos da casca do caule com óleo de *Sesamum indicum*, uma colher duas vezes por dia, foram administrados de 4th dia da menstruação a 11th dia.

Cuidados pós-natais: Goma frita com ghee e administrada duas vezes por dia durante 15 dias.

Caesalpinia bonducella L. (Fig. 3.6) Fam: Caesalpiniaceae. VN: Gatchakaya

Arbusto espinhoso e rasteiro; folhas com grandes folíolos, ramificadas; folíolos com cerca de 10 pares, elíptico-oblongos; flores em racemos; vagens revestidas de espinhos finos; sementes 1-3, duras, cinzentas e brilhantes.

Fl. & Fr.: Abr.-Aug. Loc: G. Madugula, Sirgaon LMN: 17476 **Aborto:** Sementes moídas com óleo *de Sesamum indicum* e administradas durante 5 a 7 dias.

Doença do quarto negro nos bovinos: As folhas fervidas juntamente com as de *Vitex negundo, Cassia occidentalis, Tinospora cordifolia* e *Pupalia lappacea* e o extrato administrado oralmente ao gado.

Epilepsia: Casca de raiz moída com a de *Pongamia pinnata,* transformada em comprimidos e administrada 2 comprimidos duas vezes por dia durante 30 dias.

Calotropis gigantea (L.) R.Br. Família: Asclepiadaceae

VN: Jilledu

Arbusto grande até 3 m, coberto de lã branca e macia; folhas elípticas a oblongas, coriáceas, auriculadas, de ápice agudo, subsésseis; inflorescência umbelada, panícula extra-axilar; corola branca ou púrpura, lóbulos espalhados; folículos oblongos, insuflados.

Fl. e Fr: Todo o anoLoc   : Mampa LMN: 17478

Epilepsia: Raízes esmagadas com os frutos de *Terminalia chebula* e o filtrado ligeiramente aquecido e administrado uma colherada uma vez por dia durante 30 dias.

Leucorreia: Decocção da raiz com pasta de pimentos longos (3:1) tomada por via oral.

Raiva: Látex aplicado sobre as partes afectadas.

Dores de estômago: As raízes são esmagadas com alho e o extrato é administrado três vezes por dia.

Canavalia gladiata (Jacq.) DC. Fam: Fabaceae VN: Tammakaya

Trepadeira de grande porte, lenhosa; folhas trifoliadas, obovadas, agudas, folíolos glabros; flores branco-rosadas ou lilases, em racemos; fruto vagem achatada, com 10 a 20 cm de comprimento.

Fl. e Fr: Set.-Mar.   Loc: Kitumula, Sunkarimetta

LMN: 17529

Diarreia: As raízes, juntamente com as de *Cocos nucifera, Lawsonia inermis, Jasminum sambac, Solanum melongena, Pergularia daemia*, são moídas até formar uma pasta, 2 colheres da pasta são administradas juntamente com água durante 3 dias.

Epilepsia: Triturar as raízes com as de *Calotropis procera, Pergulari daemia* e sementes de mostarda *(Brassica juncea* var. *integrifolia).* 2 Colheres da pasta administradas por dia durante 5 dias.

Capparis zeylanica L. (Fig. 3.7) Fam: Capparidaceae

VN: Aridonda

Arbusto trepador espinhoso, de casca rugosa, castanho-amarelada; folhas ovado-obovadas; flores a princípio brancas depois cor-de-rosa, filamentos roxos; fruto obovoide ou globoso, castanho-avermelhado.

Fl. e Fr: Jan.-maio Local: AddamundaLMN: 17481

Dor de ouvidos: Casca da raiz em óleo de Sesamum fervido e filtrado. O filtrado arrefecido é vertido no ouvido periodicamente a intervalos de 6 horas durante 3 dias.

Paralisia: Casca da raiz moída com raiz aérea de *Ficus benghalensis* e cauda de lagarto de jardim e a pasta é transformada em comprimidos. 2 comprimidos administrados por dia durante 40 dias.

Tuberculose: Casca da raiz moída com *Piper nigrum* e transformada em comprimidos, dois comprimidos administrados duas vezes por dia durante 15 dias.

Cardiospermum halicacabum L. (Fig. 3.8) Fam: Sapindaceae VN: Budda kakara

Trepadeira, caule rijo; folhas alternas, folíolos profundamente cortados em segmentos, glabros, grosseiramente dentados; flores pequenas. De cor branca em cimas axilares; fruto cápsula loculicida, com 3 válvulas, trigonal, membranoso.

Fl. e Fr: Jul.-Dez. Local: MinumuluruLMN   : 16537

Queimaduras: Pasta de folhas juntamente com óleo de *Ricinus communis* aplicada sobre as partes afectadas.

Leucorreia: 5 ml de extrato de raiz tomado uma vez por dia durante 15 dias.

Caryota urens L. Fam:Arecaceae VN: Jeeluga

Palmeira de tronco cilíndrico e liso; folhas bi-pinadas; folíolos triangulares, com margens apicais variadamente serrilhadas; flores em espádice pendente; fruto globoso avermelhado quando maduro; uma semente.

Fl. e Fr: Fev.-Aug. Local: Lothugadda, Dumbriguda LMN: 17518

Afrodisíaco: Toddy extraído do pedúnculo da inflorescência dado em quantidade de meio litro uma vez por dia durante cerca de um mês continuamente.

Caspa: pó de sementes transformado em pasta aplicado na cabeça e banho tomado após uma hora, duas vezes por semana.

Cassia absus L. (Fig. 3.9) Fam: Caesalpiniaceae VN: Chanupala vittulu

Ervas anuais erectas, até 60 cm de altura, caule e folhas revestidos de pêlos viscosos cinzentos e cerdosos. Folhas de pecíolo longo, pinadas, folíolos de 2 pares, ovado-oblongos ou ovado-elípticos, glabros em cima, pubescentes em baixo. Flores amarelas puras ou tingidas de vermelho, em racemos terminais ou opostos às folhas; fruto em vagem, plano, coberto de pêlos glandulares rígidos, com 5-7 sementes, sementes pretas, ovóides.

Fl. e Fr: Ago.-Fev.   Local:Guntaseema,Revallu

LMN:17521

Asma: 3 ml de decocção de flores em combinação com a decocção de folhas administrada internamente até à cura.

Tosse: 5 ml de decocção de sementes administrados por via oral duas vezes por dia durante 3 dias.

Cassia alata L. Fam:Caesalpiniaceae VN: Tamara mokka

Arbusto grande; caules erectos, espessos, com ramos finos e penugentos; folhas quase sésseis; folíolos de 8-14 pares, com pontas minúsculas, coriáceos, oblíquos na base; flores grandes, amarelas, racemos estreitos; vagens aladas, membranáceas.

Fl. & Fr.: Out.-Fev.   Local: ArakuLMN: 17543

Asma: Decocção de flores em combinação com a decocção de folhas administrada internamente até à cura.

Cassia occidentalis L. Fam: CaesalpiniaceaeVN: Kasinta

Arbusto rasteiro glabro, até 3 m de altura, ramos glabros; folhas com 10-15 cm de comprimento, paripinadas, folíolos com 3-5 pares, elíptico-ovais, membranosos, glabros em cima, pouco peludos em baixo; flores amarelo-avermelhadas brilhantes em racemos axilares e terminais corimbosos; fruto em vagem, castanho com margens amarelas, sementes 20-25 castanho-esverdeadas.

Fl. e Fr: Todo o anoLocal   : Uppa OAK: 17548

Anti-helméntico: 2 colheres de extrato de raiz misturado com uma pitada de sal e administrado três vezes por dia durante 4 dias.

Furúnculos: O sumo da folha misturado com leitelho e aplicado nas partes afectadas.

Icterícia: Dez colheres de sumo de folhas misturado com leitelho e administrado três vezes por dia durante 7 dias.

Paralisia: Raiz seca misturada com a raiz de *Tephrosia purpurea* moída com açúcar de cana e a pasta, uma colher da pasta administrada uma vez por dia durante 45 dias.

Cassytha filiformis L. Fam: Lauraceae VN: Seethamma savaralu

Erva parasita extensa, sarmentosa; flores brancas, brácteas pequenas; estames 9 em 3 filas; drupas ovóides.

Fl. e Fr: Out.-Mar.   Local: MampaLMN: 17551

Hidrocele: A planta inteira esmagada com areia e amarrada firmemente nos testículos durante 3 dias.

Dores musculares: A pasta de caule ligeiramente aquecida e massajar suavemente sobre as áreas afectadas.

Celastrus paniculatus Selvagem. (Fig. 3.11) Fam:CelastraceaeVN: Dati chettu

Arbusto trepador, caule rosa escuro; folhas alternas, ovadas ou obovadas; flores amarelo-pálido em cimas paniculadas terminais; fruto cápsula globosa, laranja quando maduro.

Fl. e Fr: Mar.-Out.   Loc: Gajapatinagaram LMN: 17555

Leucorreia: Casca da raiz moída com grãos de pimenta preta, 3 ml de extrato tomado por via oral uma vez por dia durante cerca de 2 semanas.

Artrite reumatoide: Pasta de sementes ligeiramente aquecida e massajada suavemente sobre as partes afectadas até à cura.

Centella asiatica (L.) Urban. Família: Apiaceae VN: Saraswathi aku

Erva comum, rasteira, que se enraíza nos nós; folhas numerosas em cada nó, em forma de rim, dentadas; flores em cachos de umbelas, avermelhadas; frutos minúsculos.

Fl. e Fr: Mar.-Fev.   Local: LothugaddaLMN: 17541

Anemia: Sombrear o pó de folhas secas com pó de sementes de pimenta e dar 3 colheres de pó com um copo de leite de manhã cedo durante 30 dias.

VIH: Planta inteira desta planta juntamente com *Boerhaavia diffusa* e *Piper longum* misturadas na proporção de 5:3:2 e moídas até formar uma pasta. O extrato assim obtido é administrado em doses de 2 colheres duas vezes por dia.

Icterícia: A pasta da planta inteira transformada em comprimidos, 2 comprimidos administrados duas vezes por dia. **Memória:** Planta embebida em leite durante 2 dias, depois as folhas são retiradas, secas e transformadas em pó. Uma pitada deste pó administrada diariamente durante 1-2 meses para melhorar a memória.

Chlorophytum arundinaceum Baker. Fam: Liliaceae VN: Dhumma lashun

Erva rizomatosa com raízes tuberosas; folhas suberectas, lanceoladas; flores brancas em densos racemos floridos; fruto em cápsula, 2-lobado na ponta e na base, células 3-4 semeadas, sementes planas e pretas.

Fl. e Fr: Jun.-Sep.   Loc: Annavaram LMN: 17558

Hidrocele: Tubérculo esmagado ligeiramente aquecido e atado firmemente ao escroto. **Feridas e úlceras:** Pasta de tubérculos misturada com o óleo de sementes de *Schleichera oleosa* aplicada sobre as partes afectadas.

Chloroxylon swietenia DC. (Fig. 3.10) Fam: Flindersiaceae VN: Billachettu.

Árvore até 10 m; casca rugosa, cortiça; folhas pinadas; folíolos numerosos, oblongos, lanceolados; cápsula glabra, oblonga, castanha escura, loculicida com 3 valvas; sementes comprimidas, angulosas, aladas em cima.

Fl. e Fr: Fev.-Jul.   Loc: Galikonda, Santhari LMN: 17562

Frio: Triturar a casca do caule com as folhas de *Ocimum tenuiflorum* e os cravos-da-índia de *Allium sativum* com uma pitada de sal. 1 colher de pasta administrada por dia durante 3 dias.

Epilepsia: Casca do caule esmagada com a de *Strychnos potatorum* e o extrato administrado uma colher duas vezes por dia durante 30 dias.

Impotência: Extrato da casca da raiz misturado com leite de cabra e administrado duas colheres duas vezes por dia durante 15 dias.

Repelente de mosquitos: Utiliza-se o fumo de folhas queimadas.

Neurite periférica: Casca do caule, com a de *Cleistanthus collinus* e sementes de mostarda em pó. 2 colheres da pasta administradas diariamente com água durante 3 dias.

Picada de escorpião: Pasta de casca de caule aplicada sobre a parte picada.

Feridas e úlceras: Folhas moídas com *Curcuma longa* e pasta aplicada em feridas e úlceras de gado.

Cissus quadrangularis (L.) Fam:Vitaceae VN: Nalleru

Arbusto deambulante; caule carnudo, anguloso, glabro, alado ou marginado; folhas simples ou reniformes, coriáceas espessas, muito enroladas; flores vermelho-esverdeadas, pedunculadas curtas, cimas umbeladas; baga globosa, castanho-avermelhada; semente solitária, lisa.

Fl. e Fr: Abr.-Dez.   Loc: Vantlamamidi LMN: 17492

Febre: Os caules e as folhas tenras são esmagados e o extrato é misturado com leite materno e administrado em doses de meia colher uma vez por dia durante 3 dias aos bebés.

Dor de cabeça: Pasta de caule aplicada na cabeça.

Cleistanthus collinus (Roxb) Benth.ex Hook.f. Fam: Euphorbiaceae VN: Koddisa

Árvores de porte moderado; folhas alternas, simples, obovado-elípticas; flores masculinas em cachos axilares; femininas frequentemente solitárias; frutos cápsulas; sementes pretas.

Fl. e Fr: Abr.-Dez.   Loc: Gamparayi, Gudam LMN: 17495

Leucorreia: Os frutos são esmagados em leite de cabra e o extrato é tomado por via oral durante uma semana.

Cocculus hirsutus (L.) Diels Fam: Menispermaceae

VN: Dusarateega

Arbusto dioico, trepador, viloso, perene; folhas de forma e tamanho variáveis; flores estaminadas em panículas curtas e delgadas, flores pistiladas em cachos; drupa negra avermelhada.

Fl: Nov.-Jan. Fr: Dez.-Abr. Local: Onjeri, Nurmati LMN:17507 **Artrite reumatoide:** 12 g de raiz esmagada com 2 sementes de pimenta longa misturadas numa chávena de leite de cabra e o extrato tomado diariamente uma vez durante quinze dias.

Coldenia procumbens L. Fam: Boraginaceae VN: Hamsapadu Erva procumbente; folhas obovado-oblongas; flores brancas; drupas piramidais, 4 lóbulos; semente solitária em cada lóbulo.

Fl. & Fr.:Abr.-Jun.   Loc: Kimidipilli, Dumbriguda

LMN: 17570

Cortes: Pó da planta inteira misturado com óleo de coco e aplicado nas partes afectadas.

Eczema: Pasta de plantas juntamente com a de *Eclipta prostrata* aplicada nas partes afectadas.

Epilepsia: Pasta de raízes aplicada na testa.

Psoríase: As folhas de *Coldenia procumbens*, juntamente com a planta inteira de *Argemone mexicana* e o rizoma de *Curcuma longa*, em proporções iguais, são tomadas e queimadas até se transformarem em cinzas. As cinzas resultantes são misturadas com óleo de coco e transformadas numa pasta. Esta pasta é aplicada continuamente durante cerca de 30 dias.

Costus speciosus (Koenig) Smith Fam: Costaceae VN: Adavidumpa, Bogachi dumpa

Erva erecta com rizoma; caule espiralado, ligeiramente lenhoso na base; flores branco-azuladas em espigas densas; sementes pretas, angulosas com arilo branco.

Fl. e Fr: Jul.-Out.   Local: PanasaputtuLMN   : 17511

Aborto: 10 g de pasta de rizoma administrada duas vezes por dia durante 5 a 7 dias.

Varicela: Pasta de rizoma aplicada no corpo durante cerca de 5 dias.

Cryptolepis buchanani: Roem. & Schult. Fam: Asclepiadaceae VN: Adavipala teega

Arbusto trepador; folhas obovadas; flores amarelo-pálido em cimas axilares ramificadas; lóbulos da coroa 5, carnudos; grãos de pólen granulosos; folículos com 10 cm de comprimento.

Fl. e Fr: Abr.-Aug.   Loc: Kakarapadu, Kitumula LMN: 17560

Diarreia: Uma colher de pó de raiz seca administrada duas vezes por dia durante 5 dias.

Galactagogo: 200 g de pasta de folhas administradas uma vez por dia durante 7-10 dias.

Menstruação irregular: Pasta de raiz com leite administrada durante dois a três dias.

Curculigo orchioides Gaertn Fam: Hypoxidaceae VN: Nelatadi

Erva erecta, 10 cm de altura; raízes tuberosas; folhas lineares-elípticas, placadas, nervuras proeminentes; flores amarelas, longas, axilares, solitárias ou em racemos simples; cápsulas ovóides; sementes 4, estriadas.

Fl. e Fr: Durante todo o ano Local: Sapparla, Sholabham

   LMN: 17578

Cortes: As raízes são transformadas em pasta e a pasta é aplicada na zona afetada até curar.

Menstruação irregular: Pasta de tubérculos com coalhada tomada por via oral durante três dias.

Pílulas: Duas colheres de extrato de tubérculo administradas duas vezes por dia até à cura.

Curcuma longa L. Fam: Zingiberaceae VN: Pasupu

Planta rizomatosa; folhas elíptico-oblongas; flores poucas, amarelas; cálice com poucos pêlos finos; ovário com pêlos rígidos na parte superior.

Fl. e Fr: Jun.-Out.   Loc: Busuputta, Khilloguda

LMN: 17563

Artrite reumatoide: Sumo de rizoma fresco massajado sobre a área afetada até à cura.

Doenças da pele: Sumo do rizoma fresco administrado sobre a zona afetada.

Cuscuta reflexa Roxb.   Fam: Cuscutaceae VN: Seethamma savaralu

Erva parasita, sem folhas, com ramos carnudos, formando massas densas e amarelas em arbustos e árvores; flores brancas, solitárias, agrupadas ou em racemos; lóbulos da corola reflexos; estigmas divergentes; cápsulas globosas deprimidas.

Fl. e Fr: Nov.-Mar. Local: Tarlasingi, Vangasaru LMN: 17584 **Epilepsia:** Uma colher de decocção da planta jovem com mel administrada uma vez por dia durante 7 dias.

Úlcera da língua: Pasta de plantas aplicada para úlceras na língua.

Cyperus rotundus L. Fam: CyperaceaeVN: Thunga

Erva perene; caule esparsamente tufado; folhas diversas, planas, escabrosas; bainhas castanhas; inflorescência simples ou composta; glumas ovadas; noz oblonga, apiculada.

Fl. e Fr: Jun.-Nov. Local: Dharakonda, KandrungoLMN   :
17519

Diarreia: Três ou quatro estolhos tuberosos subterrâneos são esmagados e o extrato, juntamente com algumas gotas de mel, é tomado por via oral durante cerca de 3 dias.

Febre intermitente: Meio copo de decocção de tuberosa foi administrado três vezes por dia.

Dalbergia latifolia Roxb. Fam:Fabaceae VN:Iridi

Árvore de folha caduca até 10 m; folhas elípticas, subcoriáceas; corola branca, estames 9, monadelfos; vagem oblonga, 1-4 sementes.

Fl. e Fr: maio-dezembro. Local: Revallu, Chompa LMN: 17567 **Febre:** duas colheres de extrato da casca do caule administradas duas vezes por dia durante três dias.

Lepra: uma colher de extrato de casca e de folha administrada uma vez por dia durante 3 meses.

Leucodermia: Pó da casca do caule aplicado na parte afetada e uma colher de pó administrada por via oral uma vez por dia durante cerca de 30 dias.

Datura metal L. Fam: Solanaceae VN: Tella ummetta

Erva anual erecta; folhas longas, pubescentes em ambas as superfícies; flores púrpura pálido ou brancas, solitárias no centro da ramificação dicotómica; lóbulos do cálice 5, corola tubular, 5 dentada; estames 5; cápsula coberta de tubérculos curtos.

Fl. e Fr: Durante todo o ano Loc: Galikonda LMN: 17590 **Asma:** Pó da raiz misturado com mel e dado. Este actua como um anti-cognizant e dá alívio rápido.

Artrite reumatoide: Folhas e frutos moídos em pasta e massajados sobre a área afetada até à cura.

Dendrophthoe falcate (L.f.) Ett. Fam: Loranthaceae VN: adanika

Parasita arbustiva de grande porte; casca cinzenta lisa; ramos lisos; folhas opostas, desiguais, coriáceas; flores simples, vermelho-alaranjadas ou escarlates.

Fl. & Fr.: Mar.-MaioLocal: BakuruLMN: 17528

Asma: 10-12 g de pó da casca do caule administrados diariamente duas vezes durante 3 dias.

Leucorreia: 5 ml de extrato de planta inteira tomado por via oral durante 21 dias.

Desmodium gangeticum (L.) DC (Fig. 3.12) Fam:Fabaceae

VN: Nallarela

Subarbusto ereto, ascendente; ramos ligeiramente angulosos, pubescentes; folhas simples, ovadas, acuminadas; racemos 20-50 floridos; flores 2 por bráctea, violetas; vagem linear, moniliforme, sutura inferior profundamente recortada; articulações 4-7, reticuladas, tão longas como largas, com pêlos em gancho.

Fl. e Fr: Jun.-Dez.   Loc: Lothugadda, Sapparla LMN:

17595

Acidez: pó de folhas secas guardado dentro de um pequeno pedaço de pano mergulhado em ghee e queimado até fazer fumo. O fumo é inalado três vezes por dia durante 20 dias. **Furúnculos e bolhas:** folhas moídas com uma pitada de sal e a pasta aplicada nas áreas afectadas até à cura.

Dillenia pentagyna Roxb. Fam: Dilleniaceae

VN: Revadichettu

Árvore de folha caduca; casca cinzenta ou castanha clara, lisa; folhas obovadas, agudas; inflorescência fasciculada; flores brancas; fruto pendente com as sépalas carnudas fechadas.

Fl. e Fr: Mar.-MaioLocalização: AddamundaLMN:17584

Artrite reumatoide: 3 polegadas de casca do caule esmagadas com uma quantidade suficiente de sal e o extrato administrado por via oral diariamente uma vez durante 3 dias.

Dioscorea bulbifera L. Fam: Dioscoreaceae VN: Adavi dumpa

Erva trepadeira; caules torcidos para a esquerda, bulbíferos; raízes tuberosas, globosas; folhas largamente ovadas-sub-orbiculares; flores unissexuais, flores masculinas verdes ou arroxeadas, flores femininas em espigas axilares; fruto cápsula, recurvado.

Fl. e Fr: Set.-Dez. Loc: Araku, Kitumulla LMN: 17531

Esterilidade: A pasta de tubérculos é utilizada por via oral a partir do 4th dia da menstruação durante um período de 21 dias para atingir a esterilidade.

Diospyros chloroxylon Roxb. (Fig. 3.13) Fam: Ebenaceae VN: Ellinda

Pequena árvore; folhas oblongo-obovadas; flores brancas, unissexuais, as masculinas agrupadas em cimas capitadas e as femininas solitárias maiores que as masculinas; fruto baga.

Fl. e Fr: Jul.-Fev. Local: Vangasara, Annavaram LMN: 17534 **Diarreia:** Duas colheres de sumo de folhas dadas duas vezes por dia durante 3 dias. **Fracturas:** casca do caule moída com a de *Holopttela integrifolia*, raízes de *Plumbago zeylanica, Allium sativum* e *Syzygium aromaticum* e a pasta transformada em comprimidos. Foram administrados dois comprimidos por via oral duas vezes por dia até à cura.

Distúrbios menstruais: 5 ml de sumo de folhas tenras administrados duas vezes por dia durante 15 dias.

Diospyros melanoxylon Roxb. Fam: Ebenaceae VN: Beedi aku

Árvore de porte médio, 5-10m. Muito tomentosa; folhas elípticas estreitadas nas duas extremidades; flores em panículas de cimas caídas; frutos amarelados quando maduros.

Fl. e Fr: Out.-Abr. Local: GudemLMN: 17590

Constipação e tosse Uma colher de extrato de casca de caule misturada com açúcar de cana administrada duas vezes por dia até à cura.

Diarreia: Duas colheres de sumo de folhas tenras administradas três vezes por dia durante 5 dias.

Fracturas: Pasta de frutos verdes aplicada sobre a zona afetada até à cura.

Eclipta prostrata (L.) L. Mant Fam: Asteraceae VN: Guntakalagaraku

Erva anual prostrada com ramos ascendentes até 70 cm de altura; folhas oblongo-lanceoladas; flores em cabeças heterogâmicas terminais ou axilares, brancas; fruto aquénio, obovado-oblongo, triquetrous.

Fl. & Fr: Durante todo o ano Loc: Kinchemanda LMN: 17612 **Acidez:** 5 ml de decocção da planta administrada oralmente antes de cada refeição durante 15 dias. Não é permitida a ingestão de alimentos condimentados durante o tratamento.

Tensão arterial: 5 ml de decocção da planta administrados por via oral duas ou três vezes por dia durante três meses. Esta terapia é prescrita apenas a pacientes adultos. Aconselha-se uma ingestão mínima de especiarias, gordura e sal durante o tratamento.

Dores no corpo: 5 ml de extrato de folhas frescas administrados por via oral três vezes por dia durante 5 dias.

Furúnculos: Pasta de folhas aplicada externamente em furúnculos duas vezes por dia durante 15 dias.

Bronquite: 10 ml de decocção da planta inteira administrados por via oral duas vezes por dia durante 7 dias.

Queimaduras: 3 ml de extrato da planta inteira administrados por via oral duas vezes por dia durante 15 dias. **Prisão de ventre:** 5 g de pó de raiz administrado por via oral uma vez por dia durante 3 dias.

Disenteria: 3 ml de decocção da planta inteira administrados por via oral duas ou três vezes por dia durante 7 dias.

Eczema: Pasta de plantas aplicada externamente na área afetada durante 15 dias.

Gengivite: 5 ml de extrato de folhas misturado com 3 g de pó de frutos de *Phyllanthus emblica* administrados por via oral duas vezes por dia durante 6 semanas.

Hemorróidas: 5 ml de extrato de raiz administrados por via oral três vezes por dia durante 21 dias. Não são permitidos alimentos condimentados durante o tratamento.

Queda de cabelo: 3 ml de extrato de folhas administrados por via oral duas vezes por dia com leite de vaca durante 3 meses.

Icterícia: 5 ml de extrato de planta misturado com extrato de planta de *Boerhavia diffusa* administrados por via oral duas vezes por dia durante 15 dias.

Aumento do fígado: 7 ml de extrato de planta administrado por via oral duas vezes por dia durante um mês. Aconselha-se uma ingestão mínima de especiarias, gorduras e sal durante o tratamento.

Perda de apetite: 5 ml de decocção de folhas administrados por via oral antes de cada refeição, duas vezes por dia, durante 15 dias, até se obter a cura completa. Pó das folhas administrado por via oral após cada refeição durante 15 dias.

Espinhas: 5 ml de extrato de folhas frescas administrados por via oral duas vezes por dia com leite de vaca durante 2 meses. Proibição de alimentos picantes.

Branqueamento prematuro dos cabelos: Extrato de folhas frescas aplicado suavemente no cabelo.

Aumento do baço: 10 ml de extrato de folhas misturado com mel, administrado por via oral duas vezes por dia.

Infecções do trato urinário: 5 ml de extrato de planta administrado por via oral duas vezes por dia durante 15 dias. A mesma receita utilizada para lavar externamente os órgãos genitais; o tratamento continua até à cura completa.

Fraqueza da visão: Extrato de folhas administrado por via oral duas vezes por dia com leite de vaca durante 3 meses até se obter a cura completa.

Feridas: Extrato de folhas utilizado para lavar feridas abertas.

Rugas: Extrato de folha com pó de raiz de *Withania somnifera* administrado por via oral com leite de vaca duas vezes por dia durante 3 meses.

Elephantopus scaber L. Fam: Asteraceae VN: Nelamarri

Erva erecta; folhas alternas, radicais, profundamente denatadas, peludas; cabeças homogâmicas, rosadas; aquênios com nervuras.

Fl. & Fr.: Set.-Fev.　　　　　　　　Loc: Galikonda LMN: 17593

Anti-helmíntico: 5 ml de decocção da raiz administrados por via oral duas vezes por dia durante 6 dias.

Diarreia: Duas colheres de extrato de raiz administradas duas vezes por dia durante 5 dias.

Eczema: Pasta de raiz seca misturada com óleo de mostarda aplicada nas partes afectadas

Dores de estômago: A raiz e o fruto de *Helicteres isora* são tomados numa proporção de 2:1. 20 ml deste extrato são administrados duas vezes por dia durante 1 dia.

Elytraria acaulis (L.f.) Fam: Acanthaceae VN: Kukkapan

Erva; folhas radicais, obovado-elípticas, crenadas com pontas arredondadas; flores de cor branca, imbricadas; fruto cápsula, agudo-oblongo; sementes ovóides.

Fl. e Fr: Out.-Dez.　　　　　　　　Loc: GamarayiLMN: 17596

Anasarca: Duas colheres da decocção das raízes tuberosas administradas duas vezes por dia durante 7 dias.

Furúnculos: Pasta de folhas aplicada nas partes afectadas.

Perturbações menstruais: Duas colheres do sumo da folha administradas duas vezes por dia.

Erythrina suberosa Roxb. (Fig. 3.14) Fam:Fabaceae

VN: Mulla moduga

Árvore de tamanho moderado, com casca grossa e cortiça, ramos armados com espinhos cónicos robustos e afiados, amarelados; folíolos romboides, verdes, glabros por cima; racemos amontoados nas pontas dos ramos; flores escarlates brilhantes; vagem afilada em ambas as extremidades; sementes 2-4, pretas.

Fl. e Fr: Mar.-Aug.　　　　　　　　Loc: VepadaLMN:17615

Disenteria: Raiz desta planta, cascas de *Oroxylum indicum, Aegle marmelos, Pueraria tuberosa* e alho esmagados em quantidades iguais, cozinhados em óleo e este óleo administrado na dose de duas colheres por dia durante 5 dias.

Eucalyptus globulus Labill. Fam: Myrtaceae VN:　　　　　　　　Neelagiri chettu

Árvores de grande porte, casca lisa, em longas tiras ou lençóis, folhas elíptico-ovadas, lanceoladas ou falcadas. Flores esbranquiçadas, solitárias ou raramente três, axilares; fruto globular, séssil.

Fl. & Fr.: Mar.-MaioLocal　　　　　: Araku, RevalluLMN: 17606

Anti-sético: Óleo obtido das folhas por destilação a vapor, utilizado localmente para as vias respiratórias superiores.

Bronquite: 3 ml de extrato de folhas administrados por via oral duas vezes por dia durante 7 dias.

Eugenia bracteata (Willd.) Roxb. ex DC. (Fig. 3.15) Fam: Myrtaceae

Árvores, até 6 m de altura; folhas opostas decussadas, ovadas ou elípticas, flores brancas, axilares, cimas com 2 flores. Fruto globoso, cor de laranja, sementes 1 ou 2

Fl. & Fr.: Durante todo o ano Local: Kinchumanda, Panasaputtu LMN: 17606

Disenteria: Raízes esmagadas com as raízes de *Soymida febrifuga* e *Careya arborea* e pasta juntamente com água administrada duas vezes por dia durante 4 dias.

Diarreia: Casca do caule esmagada com *Curcuma longa* e 5 ml de extrato administrados por via oral uma vez por dia durante 7 dias.

Galactogogo: Raízes esmagadas com *Piper longum* 10 ml de extrato administrado por via oral uma vez por dia durante 21 dias.

Leucorreia: 10 g de fruta madura juntamente com 30 g de rebuçado de açúcar tomados com leite duas vezes por dia.

Euphorbia hirta L. (Fig. 3.16) Fam: Euphorbiaceae VN: Pacchabottu chettu

Erva erecta ou decumbente; folhas elípticas, ovado-oblongas; flores esverdeadas, axilares, ciáticas; cápsulas pilosas.

Fl. e Fr: Durante todo o anoLocalização: Lothugadda, Tyada

LMN: 17609

Disenteria: 3 colheres de extrato de folhas misturado com açúcar e administrado duas vezes por dia durante 7 dias.

Leucorreia: 20 g de folhas esmagadas e extrato tomado com mel uma vez de manhã durante um mês.

Reumatismo: Folhas aquecidas e enfaixadas sobre a parte afetada, aplicando óleo de rícino até à cura.

Evolvulus alsinoides L. Fam: Convolvulaceae

VN: Vishnukrantha

Pequena erva perene, procumbente e difusa, com uma pequena raiz lenhosa; folhas densamente revestidas de pêlos sedosos e apressados; flores azul-claras, solitárias ou por vezes aos pares, articuladas a meio do pedúnculo.

Fl. e Fr: Durante todo o ano Local: Mampa, Addamunda LMN: 17624

Icterícia: 2 colheres de sopa de pasta de folhas misturada com pasta de bolbo de cebola e administrada duas vezes por dia durante 7 dias.

Leucorreia: Utiliza-se a pasta da planta inteira.

Ficus benghalensis L. Fam: Moraceae VN: Marri chettu

Árvore muito grande, muito ramificada; as raízes propulsoras nascem dos ramos e sustentam a planta; folhas espiraladas, minuciosamente pubescentes; inflorescência hipanto; receptáculos globosos, vermelhos quando maduros.

Fl: Jan.-Mar. Fr: Mar.-Jun. Local: Dharakonda, Sirgaon

LMN: 17627

Furúnculos: Látex aplicado nas partes afectadas.

Leucorreia: Raiz tenra utilizada para tratar a leucorreia.

Reumatismo: Sumo leitoso da casca aplicado nas partes afectadas até à cura.

Ficus racemosa L. Fam : Moraceae VN: Medi chettu

Árvore de folha caduca de grande porte; folhas elípticas - lanceoladas, alternas; figos monóicos, caulifloros, globosos, brancos, pilosos, que amadurecem em vermelho.

Fl. e Fr: Mar.-Jun.   Loc: OnjeriLMN:17615

Diarreia: Casca do caule esmagada com *Curcuma longa* e 5 ml de extrato administrados por via oral uma vez por dia durante 7 dias.

Leucorreia: 10 g de fruta madura com 30 g de rebuçado de açúcar tomado com leite duas vezes por dia.

Artrite reumatoide: Látex aplicado localmente na parte afetada até à cura.

Ficus religiosa L. Fam: Moraceae VN: Raavi

Árvore, folhas ovado-rotundas, cúspides, lineares; receptáculos deprimidos, globosos, em pares axilares.

Fl. e Fr: Jul.-Nov. Local: Araku, GalikondaLMN: 17543

Diarreia: 2 colheres de extrato da casca do caule, por via oral, uma vez por dia, durante 3 dias.

Gonorreia: 100 g da sombra da casca seca e esmagada em pó. Este pó na dose de uma colher tomada com leite duas vezes por dia durante 15 dias.

Paralisia: Extrato da casca do caule misturado com leite de manteiga dado em 2 colheres duas vezes por dia durante 30 dias.

Flacourtia indica (Burm. f.) Merr. Fam: Flacourtiaceae

VN: Kanaregu

Pequena árvore; ramos pouco armados; folhas espiraladas, oblongas, orbiculares ou ovadas; flores creme; drupa globosa; sementes obovóides.

Fl. e Fr: Jan.-Jun.   Loc: Mampa, Vantlamamidi

LMN: 17630

Alergia brônquica: 3 colheres de extrato de raiz administradas duas vezes por dia durante 3 dias.

Icterícia: 2 colheres de sumo de folhas administradas duas vezes por dia durante 7 dias.

Garuga pinnata Roxb. Fam: Burseraceae VN: Garugu

Árvore de folha caduca de grande porte; folhas imparipinadas, aglomeradas nas pontas, folíolos 13-19; flores de cor amarela; fruto drupa globosa, com 1 semente.

Fl.: Abr.-Mai Fr.: Jun.-Aug.. Local: Revallu, Gangavaram

LMN:17618

Dores de estômago: Casca do caule juntamente com raízes de *Tridax procumbens* e casca de *Butea monosperma* e *Pterocarpus marsupium* tomadas em proporções iguais e extrato preparado 10 ml deste extrato dado duas vezes por dia durante 1 dia.

Gloriosa superba L. Fam: Liliaceae VN: Nabhi

Erva escandente ou trepadeira, com cormo perene, cilíndrico e ramificado; folhas ovado-acuminadas; flores solitárias ou em subcorimbos; lóbulos do perianto grandes, ondulados e atraentes, vermelhos e mosqueados de amarelo; cápsula oblonga, com 3 estrias.

Fl. & Fr.: Jul.-Out.   Loc: NurmatiLMN   :

10546

Asma: uma colher de chá de pó de folhas administrada por via oral até à cura.

Artrite reumatoide: A raiz é esmagada e fervida em óleo de sésamo durante uma hora. O óleo é coado e aplicado nas articulações durante cerca de um mês para se livrar da dor.

Glycosmis pentaphylla (Retz) DC Fam: Rutaceae VN: Gulimi

Arbusto de grande porte; folhas imparipinadas; folíolos 3-7, alternos, oblongo-lanceolados, agudos; flores branco-esverdeadas em panículas axilares; fruto baga, globoso, rosado.

Fl. e Fr: Abr.-Nov.   Local: Uppa, RevalluLMN: 17632

Conjuctivite: Frutos crus tomados por via oral durante 3 dias.

Neurite periférica: Raiz esmagada com 21 pimentas longas juntamente com água, 2 colheres da pasta administradas por dia durante um período de 3 dias.

Gmelina arborea Roxb Fam:Verbenaceae VN: Gummidi

Árvore de folha caduca, não armada; partes tenras fulvosas tomentosas; folhas largamente ovadas, cordadas, subcoriáceas, de ápice obtuso a agudo; corola amarelo acastanhado; drupa amarela.

Fl: Mar.-Jun. Fr: Jun.-Jul.   Loc: Vangasara

LMN: 10548

Dor no peito: Casca do caule moída com a de *Streblus asper, Careya arborea* e *Piper nigrum* e a pasta transformada em comprimidos, um comprimido por dia administrado durante 30 dias.

Tosse: 5 ml de sumo de folhas administrados duas vezes por dia durante 7 dias.

Gonorreia: 3 ml de sumo de folhas administrados uma vez por dia durante 21 dias.

Úlcera: As folhas são transformadas em pasta e a pasta é aplicada nas partes afectadas.

Gmelina asiatica L. Fam:Verbenaceae VN: Chirugummidi

Arbusto armado até 3 m; folhas elípticas, ovadas, glaucas por baixo; racemos axilares e terminais; corola amarelo dourado; drupa amarela.

Fl. e Fr: Ago.-Dez. Local: Santhari, RudakotaLMN: 17621

Caspa: A pasta de frutos maduros aplicada no couro cabeludo 1 hora antes do banho durante 4 semanas.

Lepra: Triturar a raiz com o tubérculo de *Maerua oblongifolia* e fazer uma pasta. 1 colher da pasta administrada com água durante 30 dias.

Dores de dentes: A raiz é moída até formar uma pasta com cravinho e a pasta é aplicada duas vezes por dia durante 7 dias.

Feridas: Sumo de fruta juntamente com curcuma em pó aquecida e aplicada nas partes afectadas.

Grewia tiliaefolia Vahl (Fig. 3.17) Fam: Tiliaceae

VN: Tadachettu

Árvore de porte moderado; folhas glabras; lóbulos ovados desiguais; flores amareladas em cimas axilares umbeladas; fruto glabro, 2-lobado. Fl. & Fr: Mar.-maio Locais: Duduma, Vantlamamidi LMN: 17636 **Fratura:** Pasta da casca da raiz aplicada como gesso em articulações deslocadas de gado.

Piolhos: pasta de folhas utilizada como lavagem do cabelo para matar os piolhos.

Gymnema sylvestre (Retz.) R. Br. Ex Schult. Fam: Asclepiadaceae

VN: Podapatri

Trepadeira lenhosa com látex leitoso; folhas ovadas ou elíptico-ovais, agudas, arredondadas, pubescentes em baixo; flores amarelas, em umbelas axilares; lóbulos do cálice 5, lóbulos da corola 5, estames 5, ovário bicelular; folículo delgado, bicudo no ápice.

Fl. e Fr: Jul.-Nov.　　　　　　　　'Loc: Karakavalasa ' LMN: 17255

Picada de cobra: Raiz triturada com as de *Aristolochia India* e *Rhinacanthus nasuta.* A pasta, juntamente com a urina do bebé, é administrada imediatamente no caso de mordedura de cobra.

Diabetes: Folhas em pó juntamente com as de *Aegle marmelos, Andrographis paniculata, Syzigium cumini, Zizyphus rugosa* e os tubérculos de *Corallocarpus epigaeus* na proporção de 2:1. 1 colher de pó com água quente, duas vezes por dia, durante 1 semana.

Disenteria: Raízes esmagadas com as de *Soymida febrifuga* e *Careya arborea* e pasta juntamente com água administrada duas vezes por dia durante 4 dias.

Galactogogo: Raízes esmagadas com *Piper longum* 10 ml de extrato administrado por via oral uma vez por dia durante 21 dias.

Tumores: Trituração da raiz com as de *Phoenix sylvestris* e *Trichosanthes tricuspidata* e transformação da pasta em comprimidos. Um comprimido por dia administrado por via oral durante 7 dias.

Haldinia cordifolia (Roxb.) Ridsd. Fam: Rubiaceae

VN: Bandaru

Árvore caducifólia de grande porte, até 18 m de altura; casca cinzento-acastanhada, com sulcos espessos; folhas grossas, cartáceas, orbicular-ovadas; flores amareladas em cabeças axilares; fruto cápsula, cuneiforme, densamente penugento, dividindo-se em 2 cocos foliculares; sementes 6, alongadas, com cauda para cima ou aladas.

Fl.: Jun.-Set. Fr.: Set.-Out. Local:Tarlasingi, Mampa LMN: 17642

Leucorreia: Casca do caule misturada com a de *Sterculia urens,* moída, fervida com *Piper nigrum,* decocção administrada por via oral durante 9 dias. É proibido comer sal e óleo durante o tratamento.

Picada de escorpião: As folhas são transformadas numa pasta e aplicadas como emplastro imediatamente após a picada do escorpião.

Feridas: As folhas são transformadas em pasta e aplicadas nas partes afectadas. ***Helicteres isora*** L. (Fig. 3.18) Fam: Sterculiaceae VN: Chamali

Arbustos; folhas alternas, simples, lobadas, oblongo-obovadas, base desigual; flores em panículas axilares, castanho-avermelhadas; frutos foliculares, espiralados.

Fl. e Fr: Abr.-Jul .　　　　　　　　Local: KinchumandaLMN: 17624

Disenteria: Frutos e sementes de *Trachyspermum roxburghinum* transformados em decocção, 5 ml desta decocção administrados duas vezes por dia durante 3 dias.

Picada de escorpião: Decocção da raiz administrada por via oral imediatamente após a picada da cobra.

Hemidesmus indicus (L.) R. Br. Fam: Asclepiadaceae

VN: Sugandhipala

Planta perene, prostrada, com folhas variáveis, verde-escuras, com a face inferior pubescente;

flores verdes por fora, roxas por dentro; folículos muito finos, espalhados.

Fl. e Fr: Ago.-Nov.   Loc: RevalluLMN:17631

Diarreia: Raiz moída até formar uma pasta com as de *Jatropha curcas* e *Holarrhena pubescens* duas colheres da pasta administradas duas vezes por dia durante 3 dias.

Febre: 5 ml de decocção da raiz administrada duas vezes por dia durante 3 dias.

Herpes: Raiz moída até formar uma pasta com a de *Aristolochia indica* e os tubérculos de *Cyperus rotundus* e pasta aplicada nas partes infectadas.

Galactagogo: 5 ml de pó de raiz com alho administrados por via oral uma vez por dia durante 21 dias.

Perturbações menstruais: Raízes esmagadas com *Allium sativum*, 2 colheres do extrato administradas duas vezes por dia durante 5 dias.

Mordedura de cobra: Raiz moída com *Allium sativum* e a pasta aplicada imediatamente após a mordedura de cobra.

Hemionites arifolia Bunn. Família: Adiantaceae VN: Ramabanam

Estípulas castanho-escuras, peludas, frondes de 5-7 cm, com escoriações em forma de coração ao longo das nervuras. Observado em zonas húmidas.

Fl. e Fr: Jun.-Aug.   Locais: MampaLMN: 18561

Tónico geral: Planta utilizada como tónico geral por todas as tribos.

Holarrhena pubescens Wall. ex G.Don. Fam: Apocynaceae VN: Palakodisa

Arbusto ou pequena árvore; folhas ovadas, opostas; flores brancas, de perfume doce, em cimas axilares e terminais; folículos aos pares, cilíndricos; sementes sedosas.

Fl. & Fr.: Abr.-Out.   Loc: Vantlamamidi, Santhari LMN: 17636

Asma: Uma colher de chá de pó de casca de árvore administrada por via oral até à cura.

Disenteria: As raízes são trituradas em pasta juntamente com as de *Jatropha curcas* e *Hemidesmus indicus*, 2 colheres da pasta administradas duas vezes por dia durante 3 dias.

Dores de estômago: Raízes esmagadas com as de *Madhuca longifolia, Rauvbolfia serpentina* e *Aristolochia indica* e pasta feita em comprimidos. 1 comprimido administrado por via oral uma vez por dia durante 3 dias.

Holoptelia integrifolia (Roxb.) Planch. Fam:Ulmaceae
VN: Nemali nara

Árvore de folha caduca de grande porte, de folha tenra, pubescente; folhas disticuladas, elípticas, ovadas, de ápice agudo, achatadas em cima; fruto seco alado.

Fl. e Fr: Fev.-Jun. Local: Gamparayi, Addamunda LMN: 17652

Aborto: Casca da raiz esmagada com a de *Plumbago zeylanica* na proporção de 1:1, 3 colheres do extrato dadas por via oral três vezes por dia durante 5 dias. **Abcesso:** Pasta de folhas tenras aplicada na área afetada até à cura. **Bolhas:** Folha transformada em pasta e aplicada nas partes afectadas.

Fratura do osso: Pasta de casca de caule colada sobre o osso fracturado.

Neurite periférica: Casca do caule encontrada com a casca do caule de *Cassia fistula* e raízes de *Cocculus hirsutus* 2 colheres da pasta administrada duas vezes por dia durante 3 dias.

Hugonia mystax L. (Fig. 3.19) Fam: Linaceae VN: Kakibira Arbusto ramificado ou trepador com um par de ganchos e flores amarelas.

Fl. e Fr: Durante todo o ano Local: G.Madugula, Sirgaon LMN:17652

Antídoto: Casca da raiz moída com gengibre seco e pasta aplicada na parte mordida.

Anti-helmíntico: 5 ml de decocção da raiz administrados por via oral duas vezes por dia durante 6 dias.

Inflamação: Raiz ferida aplicada em inchaços inflamatórios. *Hybanthus enneaspermus* L. F. v. Muell. Fam: Violaceae VN: Ratnapurasha

Pequena erva perene e erecta; folhas simples, lineares-ovadas, atenuadas, serrilhadas, ápice agudo; flores cor-de-rosa, axilares, solitárias; a pétala mais baixa é a maior, com garra espinhosa e limbo largo; cápsula com 8-12 sementes.

Fl. e Fr: Jun.-Nov.   Loc: Busuputtu LMN:17558

Impotência: 3 colheres de extrato de planta inteira misturado com leite de cabra e administrado uma vez por dia durante 30 dias.

Artrite reumatoide: Extrato de raiz tomado internamente até à cura. *Ichnocarpus frutescens* (L.) R.Br. Fam: Apocynaceae VN: Palateega

Arbusto rasteiro; até 10 m de comprimento; folhas oblongas ou elíptico-obovadas, coriáceas; flores branco-esverdeadas, numerosas, em cimas axilares e terminais, tricotómicas; frutos mericarpos foliculares emparelhados.

Fl. e Fr: Jun.-Nov.   Local: JerrelaLMN: 17655

Epilepsia: 2 colheres de sopa do filtrado da raiz com *curcuma longa* administradas duas vezes por dia.

Hemorragia: Raiz esmagada com *Cuminum cyminum* e Sementes *de Trachyspermum roxburghianum* e a pasta com sumo de limão administrada uma vez por dia durante 9 dias.

Ipomoea obscura Jacq. Fam: Convolvulaceae
VN:Thuti aku

Pequena trepadeira; folhas alternas ou lobadas; flores axilares, solitárias ou em cimas, brácteas variadas; cálice 5, frequentemente alargado no fruto; corola campanulada; estames 5, filamentos filiformes; fruto cápsula; sementes 4-6.

Fl. e Fr: Fev.-Jun.   Loc: Rudakota, Tyada LMN:17659

Artrite reumatoide: folhas aquecidas e enfaixadas sobre a zona afetada durante 1 noite.

Ixora pavetta Andrews. Fam: Rubiaceae VN: Korivi chettu

Arbusto grande; folhas grossas, coriáceas, elíptico-obovadas, opostas; flores em cimas brancas, sésseis, fruto preto, baga, globoso.

Fl. e Fr: Mar.-Jun.   Loc: Dumbriguda LMN: 17647

Icterícia: 2 colheres de extrato de casca de caule administradas duas vezes por dia durante 9 dias.

Dores musculares: Raiz ou casca do caule esmagada com dentes de alho, 3 colheres de filtrado dadas duas vezes por dia durante 5 dias.

Doença de pele: Pasta de folhas aplicada nas partes afectadas.

Jatropha curcas L. Fam: Euphorbiaceae VN: Nepalamu

Arbusto monoico; folhas simples, largamente ovadas, lobadas; flores verdes, ramificadas em cimas dichasiais; cápsulas verdes; sementes pretas, carunculadas.

Fl. e Fr: Jul.-Aug.   Loc: Mampa, Sapparla, Kandrungo

LMN: 14652

Queimaduras: Aplicar látex na zona afetada.

Tosse Casca de caule moída com uma pitada de sal, transformada em comprimidos, 2-3 comprimidos administrados duas vezes por dia durante 3 dias.

Disenteria: Pó de raiz misturado com os de *Holarrhena antidysentrica* e *Hemidesmus indicus,* 2 colheres da pasta foram administradas duas vezes por dia durante 2 dias.

Justicia adhatoda Medik. Fam:Acanthaceae VN: Addasaramu

Arbusto ereto, até 1,5 m de altura, ramos pubescentes, folhas oblanceoladas; flores branco-creme em espigas axilares densas; fruto cápsula, bicudo, sementes 4, orbiculares, rugosas.

Fl. e Fr: Out.-Nov.   Locais: Tyada, GudemLMN: 17650

Tosse: Uma colher de chá de extrato de folhas tomado por via oral durante 7 dias.

Diarreia: Uma colher de extrato de folha tomada duas vezes por dia até à cura. **Infeção da garganta:** Folhas e raízes moídas e extrato tomado por via oral.

Lagerstroemia parviflora Roxb. Fam:Lythraceae VN: Chennangi

Árvore de 8-10 m de altura; folhas elíptico-obtusas ou agudas, coriáceas; flores brancas em panículas terminais e axilares; pétalas obovadas; cápsulas elipsoides.

Fl. e Fr: Abr.-Dez.   Loc: PanasaputtuLMN: 14665

Disenteria: Folhas tenras moídas numa pasta com grãos de pimenta. Esta pasta é administrada em doses de duas colheres, uma vez por dia, durante 5 dias.

Febre: 2 colheres de sopa de decocção da casca da raiz tomadas por via oral duas vezes por dia durante 3 dias.

Artrite reumatoide: Pasta de casca de caule massajada localmente sobre a área afetada.

Dores de estômago: Folhas esmagadas com as de *Mangifera indica* e *Syzygium cumini* e o filtrado administrado em doses de duas colheres de sopa duas vezes por dia durante 3 dias.

Lannea coromandelica (Houtt.) Merr. Fam: Anacardiaceae

VN: Gumpena

Árvore caducifólia de grande porte; sem folhas em estado seco; folhas pinadas, folíolos oblongos, acuminados, inteiros; flores em racemos terminais fasciculados, de cor castanha avermelhada; fruto 1-elado, drupa.

Fl. & Fr.: Mar.-maio.   Local: SanthariLMN: 17561

Cortes: Pasta ou goma de casca de caule aplicada sobre a área afetada.

Problemas gástricos: uma colher de decocção de casca de caule administrada duas vezes por dia até à cura.

Repelente de mosquitos: A pastilha elástica é utilizada como repelente de mosquitos.

Lawsonia inermis L. Fam: Lythraceae VN: Gorinta

Arbusto de porte médio, muito ramificado, ramos, 4-angulares; flores branco-esverdeadas, muito perfumadas; sementes muitas angulosas, castanhas.

Fl. e Fr: Fev.-MaioLocal   : BakuruLMN: 17669

Icterícia: Pasta de folhas misturada com coalhada em proporções de 1:3 em doses de 3 colheres duas vezes por dia durante 7 dias.

Leucorreia: 5 ml de decocção da casca da raiz tomados por via oral uma vez por dia durante 21 dias.

Motivos: Pasta de folhas administrada a bovinos em doses de 100 g uma vez por dia durante 3 dias.

Sífilis: meia colher de pasta de folhas administrada diariamente durante 16 dias.

Leonotis nepetiifolia (L.) Fam:Lamiaceae VN: Ranabheri

Erva alta; folhas ovadas, crenadas e grosseiras; flores pequenas, de cor alaranjada.

Fl. e Fr: Out.-Jan.   Loc: Gangavaram, Dumbriguda

LMN: 17672

Dores de peito: Cinzas da inflorescência misturadas com óleo de mostarda aplicadas no peito para dores mamárias pós-natais.

Queimaduras: Cinzas de flores aplicadas sobre as partes afectadas.

Feridas: Cinzas da inflorescência e pó de sementes em óleo de sésamo aplicado sobre as partes afectadas.

Limonia acidissima L. Fam: Rutaceae VN: Velaga

Pequena árvore armada, espinhos rectilíneos, ramos densamente tomentosos; folhas alternas, imparipinadas; flores cremes em panículas axilares e terminais; fruto baga, lenhoso, indeiscente; sementes numerosas, embutidas na polpa.

Fl.: Abr.-maio Fr.: Jun.-Nov. Local: Kakarapadu LMN: 17566 **Artrite reumatoide:** Raiz moída com bolbo de *Allium sativum* e transformada em comprimidos. Tomado por via oral duas vezes por dia até à cura.

Litsea glutinosa (Lour.) C.B. Robinson. Fam: Lauraceae VN: Narra Alagi

Arbusto ou árvore aromática, com ramos pubescentes. Folhas alternas elípticas a obovadas,

Fl: Fev.-Mar. Fr.:Set.-Out. Local:Vangasara,   Chompa

LMN:17676

Artrite reumatoide: Gordura utilizada em medicamentos para curar dores nas articulações

Diarreia e disenteria: Casca utilizada no tratamento da diarreia e da disenteria.

Lygodium flexuosum (L.) Sw. Fam: Lygodiaceae

VN: Khorothi

Um gracioso feto trepador; margens das pinas serrilhadas; pinas férteis várias vezes mais compridas do que largas; superfície ligeiramente pilosa.

Fl. e Fr: Sep.-Dec.   Loc: Aruku, Sirgaon LMN:17678

Anemia: 1 pitada de pó de raiz uma vez por dia durante 15-21 dias.

Dismenorreia: 15 g de raízes com 7 frutos de pimenta preta transformados em pasta e administrados duas vezes durante cerca de 5 dias.

Icterícia: Pasta de folhas aplicada em todo o corpo durante 7 dias.

Dores de estômago: Pasta de raiz com cerca de 15 g num copo de água, tomada duas vezes por dia durante cerca de 3 dias.

Madhuca indica J. Fam: Sapotaceae VN: Ippa

Árvore de folha caduca; folhas elípticas, coriáceas quando velhas, arredondadas, ápice apiculado; flores branco-creme em panículas axilares; estames em 3 séries; bagas ovóides, pedicelo robusto; sementes 2.

Fl. & Fr.: Mar.-MaioLocalização   : Uppa, Gamparayi LMN: 17681

Asma: cinco flores fervidas num copo de água até ficarem reduzidas a metade e administradas por via oral uma vez por dia durante 5-10 dias

Leucorreia: Casca do caule com folhas de *Andrographis paniculata* e casca do caule de *Zizyphus xylopyrus* tomadas em quantidades iguais e transformadas em pó. O pó é transformado em comprimidos do tamanho de sementes de amendoim e 2 comprimidos são administrados duas vezes por dia durante 30 dias.

Mallotus philippensis (Lam.) Muell. Fam: Euphorbiaceae

VN: Hanumanthuni bottu

Árvores de porte médio, folhas simples, peltadas, com nervuras palmadas; flores em racemos axilares, unissexuais; flores masculinas com muitos estames; flores femininas triloculares, frutos cápsulas com pêlos glandulares vermelhos; sementes lisas, pretas.

Fl.: maio-Jun.   Fr.: Jun.-Out. Local: Gudem, Nurmati LMN: 17679

Anti-helmíntico: O fruto é transformado em pó e o pó é utilizado como um poderoso anti-helmíntico.

Contusões: Sumo de folhas frescas e pasta de casca de árvore aplicada duas ou três vezes por dia sobre as partes afectadas.

Erupções: Pasta de frutos em óleo de sésamo aplicada nas erupções da pele leprosa.

Feridas: Pasta de sementes aplicada nas feridas do gado para matar os vermes.

Mangifera indica L. Fam: Anacardiaceae VN: Mamidi

Árvore perene de grande porte; folhas oblongas ou elípticas, lanceoladas, coriáceas, cuneadas-subagudas, inteiras-cerosas, ápice acuminado; panículas terminais; flores poligâmicas; drupa ovoide-oblonga.

Fl. e Fr: Fev.-MaioLocal   : SholabhamLMN: 17573

Furúnculos: Extrato de goma ou resina da casca aplicado sobre as partes afectadas.

Conversa fluida: Trituração da casca do caule com a casca da raiz de *Cleistanthus collinus* e o tubérculo de *Momordica dioica*. A pasta utilizada para falar fluentemente com as crianças.

Icterícia: Um punhado de botões vegetativos moídos em pasta misturada com toddy fresco, 5 ml do sumo tomado por via oral duas vezes por dia durante 7 dias.

Leucorreia: Um comprimido preparado misturando a casca do caule, as folhas e as flores em quantidades iguais e colocado na vagina diariamente durante duas semanas.

Manilkara hexandra (Roxb.) (Fig. 3.20) Fam: Sapotaceae

VN: Pala Nimmi

Árvore de porte moderado, 6m de altura; folhas grossas, glabras brilhantes, obovado-cuneiformes, emergentes, flores em fascículos de 3-7, axilares, botões em forma de clube; fruto baga, amarelo-avermelhado quando maduro; 1 frequentemente 2 sementes, castanho-avermelhado, brilhante.

Fl. e Fr: Set.-Jan. Local: BakuruLMN   : 17685

Dores no corpo: Casca do caule com grão de pimenta preta esmagada 2 colheres do extrato misturado com açúcar de cana e leite e administrado duas vezes por dia até à cura.

Dores de cabeça: Pasta de raiz aplicada externamente sobre a testa.

Pilhas: Casca do caule esmagada com *Piper nigrum*, o extrato misturado com *Saccharum officinarum* e leite e administrado em doses de 2 colheres duas vezes por dia até à cura.

Infeção da garganta: Casca do caule esmagada com a de *Cissus quadrangularis* e dentes de alho, 5 colheres da decocção administrada por via oral duas vezes por dia durante 3 dias.

Memecylon umbellatum Burm. f. (Fig. 3.21) Fam: Melastomaceae VN: Allichettu

Árvore pequena; folhas simples, ovado-elípticas, agudas no ápice; flores violetas, em cimas umbeladas; bagas roxas profundas quando maduras.

Fl. e Fr: Mar.-Jul.   Loc: Minumuluru, Gudem
LMN: 17579

Leucorreia: 2 colheres de sopa de decocção de extrato de casca de raiz administrado duas vezes por dia até à cura.

Mimosa pudica L. Fam: Mimosaceae VN: Attipatti

Erva que se espalha; ramos glabrescentes ou híspidos, espinhos curtos, erectos ou curvados; folhas até 4 cm de comprimento, 1 pinas 1-2 pares; folíolos 1520 pares, elíptico-oblongos, sobrepostos; folhas sensíveis ao tato; flores cor-de-rosa em ervas axilares; fruto vagem plana, ligeiramente ondulada, 2-4 articulada, cerdosa nas margens; sementes ovóides.

Fl. & Ft.: Jun.-Out.   Local: OnjeriLMN:17699

Epilepsia: As raízes trituradas com as de *Mundulea sericea* e *Mucuna puriens* e o pó misturado com água e administrado por via oral na dose de 2 colheres por cada 15 minutos cerca de 2 vezes.

Icterícia: Folhas tenras esmagadas juntamente com as de *Achyranthus aspera, Zizyphus mauritiana* e *Careya arborea* e a pasta juntamente com leite de vaca administrada por via oral na dose de 3 colheres duas vezes por dia durante 5 dias.

Leucorreia: Planta inteira finamente moída e misturada com metade da sua quantidade de rebuçado de açúcar e comprimidos preparados. Um comprimido administrado duas vezes por dia durante três dias.

Febre: 5 ml de extrato de folhas administrados duas vezes por dia durante 7 dias.

Momordica charantia L. Fam: CucurbitaceaeVN: Kakara

Trepadeira anual, pubescente, tendilosa; folhas alternas, simples cordadas, muito lobadas; flores nas axilas das folhas, monóicas; fruto fusiforme com superfície verrucosa; sementes com arilo vermelho.

Fl. e Fr: Set.-Dez.   Loc: Kimidipilli LMN: 17702

Diabetes: 5 ml de extrato de frutos administrados duas vezes por dia durante 35 dias.

Icterícia: A pasta de folhas juntamente com a de *Azadirachta indica* transformada em comprimidos, 2 comprimidos administrados duas vezes por dia durante 3 dias.

Leucorreia: Um punhado de folhas esmagadas e o sumo tomado duas vezes por dia durante 3 dias.

Úlcera péptica: 2 colheres de decocção da raiz administradas diariamente uma vez até à cura.

Moringa oleifera Lam. Fam: Moringacea VN: Munaga chettu

Pequena árvore até 8 m; casca espessa; folhas geralmente 3-pinadas, últimos folíolos elípticos ou obovados; flores brancas em panículas; cápsulas cilíndricas; sementes aladas.

Fl. e Fr: Abr.-Jul.   Loc: Tarlasingi LMN: 17581

Tensão arterial: Cerca de 300 ml de decocção de folhas administrados por via oral com o estômago vazio, de manhã cedo, durante 15 dias.

Contusões: Pasta de folhas aplicada sobre a zona afetada.

Constipação e tosse Espremer as folhas desta planta com um pouco de sal na palma da mão. Juntar um pouco de lima e aplicar à volta do pescoço.

Visão: As folhas são cozinhadas e consumidas diariamente para uma boa visão.

Mucuna pruriens (L.) Fam:Fabaceae VN: Durada gundi

Erva trepadeira anual com ramos peludos, folhas trifoliadas, folíolos ovado-elípticos, vagem revestida de cerdas castanhas escuras picantes e brilhantes; sementes 4-6.

Fl. e Fr: Nov.-Fev.   Local: Jerrela, Khilloguda LMN: 17709

Dismenorreia: Raízes moídas em pasta juntamente com as de *Azadirachta indica,* cascas de caule de *Chloroxylon swietenia* e *Holoptelia integrifolia.* A pasta, juntamente com leite de vaca, é administrada na dose de 1 colher por dia durante 5 dias.

Epilepsia: Raízes trituradas com as de *Mundulea sericea* e *Mimosa pudica* e o pó misturado com água, e administrado por via oral 2 colheres de 15 em 15 minutos durante duas vezes.

Murraya paniculata (L.) Jack. Fam: Rutaceae VN: Naga golugu

Pequena árvore perene, com cerca de 4 m de altura; folhas imparipinadas, folíolos 3-7, alternos; flores frequentes, brancas, solitárias ou em corimbos de 1-3 flores; baga oblonga; sementes solitárias, lanosas.

Fl. e Fr: Mar.-Nov.   Loc: Sujanakota LMN: 14691

Anemia: As raízes misturadas com as de *Toddalia asiatica* e moídas até formar uma pasta e uma colher de pasta administrada juntamente com ghee diariamente durante uma semana.

Paralisia: As raízes juntamente com as de *Toddalia asiatica* e a casca do caule de *Morinda tinctoria* são trituradas até formar uma pasta, uma colher de pasta juntamente com água administrada por via oral uma vez por dia durante 6 dias.

Musa paradisiaca L. Fam: Musaceae VN: Aratikaya

Planta estolonífera; folhas grandes; espigas caídas; frutos oblongos, doces.

Fl. e Fr: Durante todo o anoLocalização: Palakonda
        LMN: 16716

Frio: Cinzas de folhas com mel, duas vezes por dia, durante 3 dias.

Diarreia e disenteria: Frutos verdes cozidos e dados com arroz e coalhada até à cura.

Impotência: Rizoma fervido com açúcar doce e o extrato tomado por via oral na dose de 2 colheres duas vezes por dia durante 30 dias.

*Naravelia zeylanica (*L.) DC Fam: Ranunculaceae VN: Pullabatchala Trepadeira de grande porte, 4-5m. de altura; caule lenhoso; folhas ovado-elípticas, opostas, base ligeiramente cordada; flores verde-pálido-amarelo-claro; fruto uma etario de aquénios com estilos emplumados.

Fl.: Out.-Nov. Fr.: Nov.-Jan. Local: Sujanakota, Jerrela LMN: 17585

Constipação: 2-3 gotas de sumo de folhas deitadas nas narinas para obter alívio.

Dores de dentes: Caule utilizado para curar a dor de dentes.

Naringi crenulata (Roxb.) Fam: Rutaceae VN: Torra Velaga

Arbusto de grande porte ou pequena árvore, espinhoso; folhas imparipinadas, pecíolo e ráquis amplamente alados com espinhos axilares, folíolos sésseis; flores de cor branca, em racemos axilares.

Fl. & Fr.: Jun.-Nov.   Loc: G. MaduguluLMN: 14694

Disenteria: Casca do caule esmagada com a de *Strychnos potatorum* e o extrato misturado com uma pitada de sal e administrado na dose de 2 colheres duas vezes por dia durante 5 dias.

Vermes intestinais: 5 ml de sumo de fruta administrado por via oral duas vezes por dia durante 3 dias.

Febre puerperal: Casca do caule esmagada com a de *Strychnos potatorum,* o extrato misturado com um pouco de sal e administrado em doses de 2 colheres duas vezes por dia durante 5 dias.

Nelumbo nucifera Gaertn. Fam: Nelumbonaceae VN: Kamalam

Erva perene, erecta, rizomatosa, profunda, subterrânea, rasteira; folhas grandes, cónicas, peltadas; flores brancas, amarelas ou rosadas; carpelos inseridos no toro.

Fl. e Fr: Jun.-Aug.   Loc: Sapparla, Mampa LMN: 17589

Conjuntivite: Partes do perianto embebidas em água numa panela de barro durante a noite e os olhos limpos com a água durante a conjuntivite para alívio.

Diarreia: 2 colheres de extrato de rizoma administradas duas vezes por dia durante 3 dias.

Nyctanthus arbor-tristis L. Fam: Nyctanthaceae

VN: Parijatam

Arbusto grande ou pequena árvore; escabroso; folhas ovado-cordadas, opostas, ásperas, flores em cimas tricotómicas terminais, perfumadas, fruto cápsula, orbicular e comprimido.

Fl. e Fr.: Durante todo o ano.   Local: Kinchumanda

LMN: 17592

Caspa: Aplicar uma pasta de sementes no couro cabeludo e tomar um banho de cabeça após uma hora.

Malária: Decocção das folhas com frutos de pimenta preta, gengibre e uma pitada de sal, transformada numa pasta e administrada três vezes por dia durante 3 dias.

Dores musculares: 5 ml de decocção de folhas tomada por via oral uma vez por dia durante 2 dias.

Ocimum basilicum L. Fam: Lamiaceae VN: Kukka tulasi

Erva de grande porte; folhas ovadas, cuneiformes, glabras, inteiras ou ligeiramente dentadas; flores de cor branco-púrpura em racemos tirsóides; nozes grandes, mucilaginosas quando molhadas.

Fl. e Fr: Ago.-Jan. Local: Panasaputtu, Mampa LMN: 17596 **Diarreia:** Sementes moídas em pasta e comprimidos feitos do tamanho de sementes de grama de bengala, 1 comprimido administrado duas vezes por dia durante 3 dias.

Ocimum tenuiflorum L. Fam:Lamiaceae VN: Krishna tulasi

Aromático, subarbusto até 1 m; ramos híspidos, teretos; folhas elíptico-oblanceoladas, truncadas, serrátil-unduladas, ápice apiculado; flores em racemos terminais; cálice verde-púrpura, glabro por dentro; corola branca, purpúrea por dentro; cálice pouco aumentado no fruto; pedicelo espalhado, mais comprido que o cálice.

Fl. e Fr: Todo o anoLocalização   : Kakarapadu

LMN: 17701

Conjuntivite: Folhas trituradas com casca do caule de *Cassia fistula* e pimenta. A pasta é aplicada nos olhos do gado.

Adaptações: Folhas batidas com as de *Vitex negundo* e o sumo fresco extraído e administrado juntamente com mel em doses de 5 ml uma vez por dia durante 10 dias.

Problemas gástricos: 1 colher de sumo de folhas misturado com um pouco de cânfora, administrado por via oral duas vezes por dia durante 5 dias.

Dor de cabeça: folhas esmagadas com as de *Cleome gynandra* e 2 dias de sumo fresco instilado no nariz e nos olhos.

Icterícia: Folhas batidas com as de *Eclipta prostrata,* 3 ml de sumo de folhas frescas administrados duas vezes por dia durante 7 dias.

Artrite reumatoide: Sumo de folhas misturado com um pouco de cânfora administrado em doses de 1 colher duas vezes por dia durante 5 dias.

Olax scandens Roxb. (Fig. 3.22) Fam: Olacaceae VN: Kurpodur

Espécie rasteira armada com até 5 m de altura, braquetes esparsamente pubescentes. Folhas oblongas. Flores brancas em racemos axilares. Fruto drupa.

Fl. e Fr: Abr.-Jul.   Loc: Sapparla, Peddavalasa

LMN: 17701

Anemia: A casca é utilizada na preparação de medicamentos.

Oroxylum indicum (L.) Benth. ex Kurz. Fam: Bignoniaceae

VN: Pampini

Pequena árvore com cerca de 5 m de altura; folhas longas, 2-3 pinadas; folíolos ovado-acuminados; flores em racemos; cápsulas achatadas; sementes aladas.

Fl.: Jul.-Aug. Fr.: Set-Dez. Local: Sirgaon, Kinchumanda

LMN: 17605

Antifertilidade: Casca da raiz ou sementes trituradas com a de *Spermacoce articularis* e o intestino do mangusto e a pasta transformada em comprimidos. 1 comprimido administrado após a menstruação.

Disenteria: 3 ml de extrato da casca da raiz administrados três vezes por dia durante 3 dias.

Leucorreia: Casca do caule juntamente com raízes de *Abelmoschus manihot* subsp. *tetraphyllus* var. *tetraphyllus* esmagadas em conjunto e infusão preparada. 3 ml administrados por via oral duas vezes por dia durante 3 dias.

Aumento do fígado: Raiz moída com a de *Amaranthus spinosus* e a pasta juntamente com água quente e administrada em doses de 2 colheres duas vezes por dia durante 5 dias.

Orthosiphon rubicundus (Don) Benth. Fam: Lamiaceae

VN: Nela tappidi

Erva erecta, 20-3 m de altura, folhas ovado-oblongas, dentadas, grosseiramente crenadas; flores branco-lilases, em longos racemos, nutlets comprimidos, pontuados.

Fl. e Fr: Jul.-Dez.   Loc: Dumbriguda, Vantlamamidi

LMN: 17704

Diarreia: Tubérculos de raiz esmagados com a casca do caule de *Cleistanthus collinus* e *Oroxylum indicum.* Adiciona-se também uma pitada de curcuma em pó, sementes de cominho e gengibre seco. 2 g da pasta administrada juntamente com leite materno para a diarreia infantil.

Gonorreia: As raízes são trituradas com as de *Brassica juncea* var. *integrifolia* e *Asparagus racemosus.* A pasta juntamente com água é administrada em doses de 1 colher duas vezes por dia durante 3 dias.

Estacas: Tubérculos moídos em pasta com os de *Maeruva oblongifolia, e Asparagus racemosus.* 2 colheres da pasta juntamente com água e administrada uma vez por dia durante 9 dias.

Pavetta indica L. Fam: Rubiaceae VN: Papidi

Arbusto rasteiro, glabro, de 3 a 4 m de altura; folhas elíptico-obovadas, glabras, de forma variável; flores de cor branca, em panículas corimbosas; fruto uma pequena baga, de cor negra.

Fl. e Fr: Jun.-OutLoc: Uppa, Galikonda

LMN: 17611

Bolhas: pasta de folhas quentes aplicada sobre as partes afectadas.

Epilepsia: Casca da raiz esmagada com a de *Alangium salvifolium* e *Allium sativum* e o extrato administrado em doses de 3 colheres duas vezes por dia durante 21 dias.

Icterícia: Uma colher de extrato de casca de caule administrada uma vez por dia durante 9 dias.

Problemas urinários: Raízes e folhas esmagadas com as raízes de *Boerhaavia diffusa*, 2 colheres de sopa do filtrado administradas uma vez por dia durante 10 dias.

Pedalium murex L. Fam: Pedaliaceae VN: Enugu palleru

Erva anual muito ramificada, caule herbáceo; folhas opostas, ovadas largas; flores púrpura ou rosa com garganta amarela, axilares, solitárias; fruto duro, indeiscente com dois ganchos proeminentes.

Fl. e Fr: Abr.-Set.   Localização: Santhari LMN:17735

Dismenorreia: Folhas misturadas com dentes de alho e frutos de pimenta preta transformados em pasta. A pasta é administrada em doses de 2 colheres, uma vez por dia, durante o período menstrual, durante 4 dias.

Gonorreia: A planta é moída em pasta e misturada com água, filtrada e o filtrado é administrado com açúcar em doses de duas colheres duas vezes por dia durante 15 dias.

Menorragia: Folhas embebidas em água. O sumo, que sai como manteiga, é dado misturando-o com leite de manteiga durante 15 dias.

Pergularia daemia (Forssk.) Chiov. Fam: Asclepiadaceae

VN: Dustaputeega

Arbusto perene, de folhas leitosas e geminadas, com pequenas espículas; caule revestido de pêlos espalhados; folhas finas, largamente ovadas a orbiculares, cordadas, com o ápice agudo; racemos umbeliformes, axilares; corola amarelo-esverdeada; folículos pegajosos, curvos, cobertos de espinhos moles.

Fl. e Fr: Out.-Abr.   Loc: SapparlaLMN: 17713

Fratura óssea: As folhas são trituradas com as de *Plumbago zeylanica* e as raízes aéreas de *Vanda tessellate,* e a pasta é aplicada sobre os ossos fracturados.

Dores musculares: Pasta de folhas juntamente com a de *Calotropis procera* aplicada sobre as partes afectadas.

Dores de estômago: As raízes são trituradas numa pasta com frutos de pimenta preta e o extrato é administrado em doses de uma colher duas vezes por dia durante 3 dias.

Phoenix sylvestris (L.) Roxb. Fam:Arecaceae VN: Eethachettu Pequena árvore; folhas longas, folíolos lineares; espádice axilar, espigas em cachos; drupas oblongo-elipsoides.

Fl. e Fr: Abr.-Jun.   Loc: AnnavaramLMN:17717

Asma: Tubérculo de raiz triturado com os de *Momordica dioica* e *Coccinia grandis* e a pasta de 1 colher administrada uma vez por dia durante 3 dias.

Intoxicante: O sumo produzido pela batida das espádices e do tronco é fermentado e transformado em licor rural. Este é utilizado como intoxicante.

Phyllanthus amarus Schum. & Thonn Fam: Euphorbiaceae

VN: Nelausiri

Erva anual erecta, até 50 cm de altura, ramos delgados; folhas elípticas obovadas ou oblongas; flores axilares, unissexuais, flores masculinas solitárias nas axilas inferiores; fruto cápsula, globoso deprimido.

Fl. e Fr: Durante todo o ano Local: Kinchumanda

LMN: 17618

Icterícia: Pasta de plantas misturada com coalhada 3 colheres e administrada por via oral duas vezes por dia durante 7 dias.

Infeção do couro cabeludo: As folhas são trituradas com as raízes de *Andrographis paniculata* e a pasta é aplicada sobre o couro cabeludo.

Picada de escorpião: A pasta da planta é aplicada imediatamente sobre a parte picada.

Dores de dentes: A pasta da planta é aplicada sobre o dente.

Phyllanthus emblica L. Fam: Euphorbiaceae VN: Peddausiri

Árvore de pequeno ou médio porte, com cerca de 6 m de altura; folhas estreitamente oblongas; flores verde-pálido em cachos axilares; bagas com 2-3 cm de diâmetro, globosas com endcarpo pedregoso.

Fl. e Fr: Out.-Dez.   Local: MampaLMN: 17720

Fratura óssea: As galhas do caule são moídas com folhas de *Vanda tessellata* e a pasta é aplicada sobre os ossos fracturados.

VIH: Os frutos desta planta, juntamente com gengibre seco e *Plumbago zeylanica*, são misturados numa proporção de 6:3:1, moídos e transformados em pasta. O extrato assim obtido é administrado em doses de 2 colheres duas vezes por dia. **Escorbuto:** 1 fruto verde administrado duas vezes por dia durante cerca de 2-3 meses. **Doenças de pele:** Folhas moídas com *Curcuma longa* e a pasta aplicada sobre a pele.

Úlcera de estômago: Uma colher de sopa de pasta de pericarpo administrada com o estômago vazio durante 6 dias.

Piper longum L. Fam: PiperaceaeVN   : Pippali

    Arbusto rasteiro e delgado; ramos erectos e finos; folhas lisas; flores dióicas, minúsculas; bagas pequenas e vermelhas quando maduras.

Fl. & Fr.: Jan.-Set.   Local: Gamparayi.   LMN: 17743

Asma: Um comprimido do tamanho de um amendoim feito de pimenta longa e flores de *Calotropis gigantea* em proporções iguais e administrado duas vezes por dia até à cura.

Dor de cabeça: um gm de pó do fruto seco tomado com algumas gotas de mel para ter efeito imediato.

Febre puerperal: 5 ml de extrato de raiz administrados por via oral uma vez por dia durante 3 dias.

Plumbago zeylanica L. Fam: Plumbaginaceae VN:Chitra mulamu

    Subarbusto escandente, frequentemente lenhoso na base; folhas alternas, ovadas, com pecíolos longos, frequentemente auriculares na base; flores brancas em espigas terminais; cápsula do fruto oblonga, encerrada num cálice glandular persistente de 2-3 cm.

Fl. & Fr.: Out.-Fev.   Local: Vantlamamidi LMN: 17729

Aborto: Pasta de raiz transformada em comprimidos 2 comprimidos administrados por via oral duas vezes por dia durante 5 dias.

Fatos: duas colheres de pasta de raízes com pó *de Piper nigrum* e urina de bebé administradas por via oral durante 3 dias.

VIH: A planta inteira juntamente com gengibre seco e frutos de *Phyllanthus emblica* misturados numa proporção de 6:3:1, moídos e transformados em pasta. O extrato assim obtido é administrado em doses de 5 esponjas duas vezes por dia.

Verme do anel: As raízes são trituradas em pasta juntamente com a casca do caule de *Calotropis gigantea*. Adiciona-se também um pouco de sal e leitelho ao fazer a pasta. A pasta é aplicada externamente sobre as áreas afectadas.

Polyalthia cerasoides (Roxb.) Boddome (Fig. 3.23) VN: Chilaka Duddhuga

    Árvore pequena, de casca cinzenta clara, ramos densamente tomentosos; folhas oblongas ou elíptico-lanceoladas, glabras em cima, densamente tomentosas em baixo; flores esverdeadas; 1 semente.

Fl. e Fr: Jan.-Out.   Loc: Kandrungo, Araku LMN: 17701

Dor no peito: 100 g de resina de goma misturada com sementes *de Entada pursaetha* (10g) e 10g de chifres de veado malhado moídos até ficarem em pó. Este pó é misturado com a albumina de ovo e aplicado sobre a parte do peito.

Varicela: Resina de goma com a pasta de folhas de *Achyranthes aspera* e neem aplicada sobre a área afetada durante 7 dias.

Pongamia pinnata (L.) Mierre. Fam: Fabaceae VN:Kanuga chettu

    Árvore de porte moderado, semi-perene; folhas alternas, imparipinadas; folíolos opostos, ovado-obovados, acuminados; flores branco-púrpura, em panículas axilares; vagem lenhosa, oblonga obliquamente, indeiscente, com 1 semente.

Fl.: maio-Jul. Fr.: Dez.-maio. Local: Dharakonda LMN: 17751 **Tosse:** 5 ml de sumo de folhas dado oralmente duas vezes por dia durante 3 dias.

Diarreia: 4 ml de sumo de folhas administrados por via oral uma vez por dia durante 4 dias.

Gonorreia: 6 ml de sumo de raiz administrados uma vez por dia durante 7 dias.

Neurite periférica: Casca do caule triturada com as de *Barringtonia acutangula, Calotropis gigantea, Casearia elliptica* e podridão de *Aristida funiculate* transformadas em comprimidos. 2 comprimidos por dia, administrados durante 1 semana.

Artrite reumatoide: Casca da raiz fervida em óleo de gingelim guardado num pote de barro e administrado em doses de 1-2 colheres. O óleo também é aplicado externamente na parte afetada.

***Pterocarpus marsupium* Roxb.** Fam: Fabaceae VN: Yegisa

Árvore de folha caduca de grande porte, folhas imparipinadas, folíolos 5-7 foliados, coriáceos, bilobados no ápice; flores amarelas em panículas terminais; vagens glabras, planas e aladas.

Fl. & Fr.: Abr.-Set.   Local: NurmatiLMN   : 17754

Conceção: 10 g de casca do caule moída com a de *Mitragyna parvvifolia* e a pasta transformada em comprimidos do tamanho de sementes de ervilha. 21 comprimidos administrados por via oral uma vez por dia durante 7 dias.

Disenteria: 5 ml de extrato da casca da raiz misturado com coalhada e administrado por via oral uma vez por dia durante 3 dias.

Pilosidades: Casca do caule esmagada com *Curcuma longa* e o extrato misturado com um pouco de açúcar, 2 colheres do extrato dadas duas vezes por dia até à cura. ***Pueraria tuberosa*** (Roxb. ex Willd.) DC. Fam:Fabaceae VN: Dari gummadi

Arbusto trepador com grandes raízes tuberosas; folhas trifoliadas, estípulas hastadas na base: folíolos ovados: flores em racemos axilares: sementes oblongas.

Fl. e Fr: Mar.-Abr.   Local: JerrelaLMN   : 17757

Úlceras pépticas: Extrato de tubérculo misturado com um pouco de açúcar e administrado em doses de 2 colheres duas vezes por dia até à cura.

Artrite reumatoide: Pasta de tubérculos aplicada sobre as partes afectadas até à cura.

Rauvolfia serpentina (L.) Benth. ex Kurz. Família: Apocynaceae

VN: Sarpagandha

Pequeno arbusto inferior, ereto e perene, até 1 m de altura; o sistema radicular consiste numa raiz tuberosa proeminente, macia, com até 6 cm de diâmetro e uma casca exterior cortiça; folhas em espirais de 3, oblanceoladas, glabras; flores cor-de-rosa ou brancas em cimeiras corimbosas; fruto drupa, preto arroxeado quando maduro.

Fl. & Fr.: Mar.-MaioLocal   : Sujanakota LMN: 17761

Febre: As raízes são esmagadas e 3 ml do extrato são administrados duas vezes por dia durante 3 dias.

Dor no peito: Raízes esmagadas em pasta com as raízes de *Alstonia scholaris*, 2 colheres da pasta administradas uma vez por dia durante 5 dias. **Leucorreia:** Caule com o de *Clerodendrum serratum*, cascas do caule de *Strychnos nux-vomica* e *Alstonia scholaris* tomadas em quantidades iguais, secas e transformadas em pó 2 colheres de pó misturadas num copo de água quente administradas diariamente duas vezes durante 30 dias.

Mordedura de cobra: Raízes esmagadas com as folhas de *Kalanchoea pinnata* e o extrato administrado por via oral e pasta aplicada sobre o local da picada.

Dores de estômago: Raízes trituradas com as de *Trichosanthes tricuspidata*, 1 colher da pasta administrada por via oral três vezes por dia durante 2 dias.

Rauvolfia tetraphylla L. Fam: Apocynaceae VN: Papataku

Arbusto subarbustivo glabro, muito ramificado; folhas finas, em verticilo de 4 em cada nó, geralmente de tamanho desigual; flores esbranquiçadas, em cachos axilares ou terminais cimosos; drupa vermelha, brilhante, glabra, preta quando madura.

Fl. e Fr: Out.-Fev.   Loc: Tyada LMN: 17763

Tensão arterial: 6 ml de decocção da casca da raiz administrados uma vez por dia durante 7 dias.

Rubia cordifolia L. Fam: Rubiaceae VN: Tamaravalli

Trepadeira ou erva rugosa, ramos com 4 ângulos. Folhas espiraladas, 4 no nó, cordadas; flores brancas em cimas dichasiais terminais e axilares; fruto drupa globosa, carnuda.

Fl. e Fr: Jun.-Out.   Loc: Addamunda LMN: 17649

Dores de estômago: 2 colheres de sopa da decocção da raiz, duas vezes por dia, durante 3 dias.

Úlceras, eczemas e inflamações: Pasta de raiz aplicada sobre as partes afectadas.

Sapindus emarginatus Vahl. Fam: Sapindaceae VN:Kunkudu kaya

Árvore de porte médio; folhas paripinadas, folíolos 3-4 pares, elíptico-oblongos, coriáceos, obtusos, emarginados, base cuneiforme, inteiros; flores amarelo-acastanhadas em panículas terminais; drupa ovoide-tomentosa, 3-10 lóbulos; sementes 2 em cada lóculo, pretas.

Fl. e Fr: Out.-Jan.   Loc: Peddavalasa LMN: 17653

Asma: 2 g de polpa de frutos administrados por via oral duas vezes por dia até à cura.

Efeito refrescante: As folhas são transformadas em pasta e esta é aplicada sobre a cabeça.

Caspa: Sumo de fruta aplicado sobre o couro cabeludo antes do banho.

Cegueira nocturna: Pasta fina de sementes aplicada suavemente sobre as pálpebras diariamente à hora de deitar durante cerca de 5 meses.

Schleichera oleosa (Lour.) Oken. Fam: Sapindaceae
VN:Rushi chettu

Árvore até 15 m; casca cinzenta lisa; folhas abruptamente pinadas, folíolos 2-4 pares; flores em racemos fasciculados; fruto 1-célula, liso.

Fl. e Fr: Mar-Jun Localização: Dharakonda LMN: 17656

Purificação do sangue: 4 g de pasta de casca de árvore administrada por via oral uma vez por dia durante 30 dias.

Fratura óssea: Pasta de casca de caule misturada com albumina de ovo aplicada sobre os ossos fracturados.

Artrite reumatoide: Casca do caule juntamente com as de *Mangifera indica* e *Tamarindus indica* e sementes de grama preta (20 g cada) esmagadas, fervidas em 500 ml de água até reduzir para 100 ml. 1 chávena desta decocção tomada diariamente uma vez durante 4 dias.

Mordedura de cobra: Extrato de casca de raiz administrado por via oral duas colheres três vezes por dia; pasta aplicada sobre o local da picada.

Scoparia dulcis L. Fam: Scrophulariaceae VN: Ghod tulasi

Erva erecta, muito ramificada; folhas opostas ou espiraladas, dentadas, serrilhadas, glabras; flores brancas, axilares; fruto cápsula, pequeno, globoso-ovoide, valvas bífidas.

Fl. e Fr: Durante todo o ano Loc: Galikonda LMN: 17781 **Disenteria:** Extrato de folhas ligeiramente aquecido e administrado em doses de 3 colheres duas vezes por dia durante 3 dias.

Febre: 2 colheres de sumo de planta administradas três vezes por dia durante 3 dias. *Semecarpus anacardium* L.f. Fam: Anacardiaceae VN: Nalla jeedi

Árvore de pequeno a médio porte; folhas simples, oblongo-elípticas, espessas, ferrugíneo-vilosas por baixo, nervuras 16 pares, obtusas, subagudas ou cordadas; inteiras, ápice arredondado, retuso; panículas terminais; flores unissexuais, por vezes bissexuais, raramente poligâmicas; drupas globoso-ovóides, reniformes: hipnocarpo carnoso.

Fl. e Fr: Abr.-Set.   Loc: Kakarapadu LMN: 17784

Inchaços: Sementes moídas com cebola e a pasta aplicada sobre a zona afetada.

Fissuras, cortes e entorses: A secreção do pericarpo é aplicada sobre as zonas afectadas.

Artrite reumatoide: Casca do caule moída até formar uma pasta, fervida e aplicada externamente.

Úlceras e feridas: Pasta da casca do caule misturada com urina de criança, ligeiramente aquecida e aplicada sobre as partes afectadas.

Sida acuta Burm. F. Fam: Malvaceae VN: Nela benda

Erva erecta a subarbusto; folhas oblongo-lanceoladas a elípticas, 3-5 nervuras na base, serrilhadas, agudas no ápice; estípulas de cada par diferentes; flores solitárias ou em grupos de 2-5; esquizocarpo ovoide, agudo, enrugado, com 6-9 mericarpos.

Fl. e Fr: Set.-Dez.   Loc: Dharakonda LMN: 17795

Furúnculos, cortes e feridas: Pasta de raiz aplicada sobre as partes afectadas. **Picada de escorpião:** Pasta de folhas aplicada sobre a parte picada.

Smilax zeylanica L. Fam: Smilacaceae VN: Jeeri teega

Arbusto trepador tendiloso; folhas ovadas, orbiculares, base da folha modificada em gavinha; flores verde-pálido em umbelas; fruto globoso.

Fl. & Fr.: Set.-Jan.   Loc: Nurmati LMN:17806

Paralisia: Os tubérculos são esmagados com pimenta longa e 2 colheres do extrato são administradas duas vezes por dia durante 30 dias.

Produção de esperma: O extrato do tubérculo da raiz com jaggery preparado e mantido durante a noite. 5 colheres deste extrato administradas uma vez por dia durante 7 dias.

Úlceras: Pasta de tubérculos aplicada sobre as partes afectadas.

Doenças gerais: 2 colheres do extrato do tubérculo esmagado juntamente com piper longum administradas duas vezes por dia durante 30 dias.

Solanum nigrum L. Fam: Solanaceae VN: Kamanchi

Arbusto rasteiro, até 1,5 m de altura, fulvo tomentoso; folhas alternas, ovadas, lobadas, base arredondada ou desigual, ápice agudo; flores roxas, solitárias, axilares; bagas obovóides ou oblongas, verdes ou roxas.

Fl. & Fr.: Out.-AbrLoc: Sujanakota LMN: 17810

Gonorreia: 5 ml de sumo da planta inteira, três vezes por dia, durante 15 dias. **Inchaços:** Cerca de

250 g de toda a planta (exceto a raiz) comidos como um vegetal uma vez por dia durante 5 dias.

Solanum surattense Burm. f. Fam: Solanaceae VN: Verumulaka

Arbusto espinhoso, prostrado, subarbustivo; folhas ovado-elípticas; flores em cimas extra-axilares; drupa globular, amarela ou branca com nervuras verdes. Fl. & Fr: Out.-Abr.   Local: JerrelaLMN: 17674

Icterícia: Trituração da casca da raiz com a casca do caule da *Moringa oleifera*. 3 g da pasta administrada por via oral uma vez por dia durante 6 dias.

Dores de dentes: Sementes em pó e misturadas com curcuma em pó e aplicadas sobre as gengivas e entre os dentes.

Soymida febrifuga (Roxb.) A. Juss. Fam: Meliaceae VN: Somida

Árvore de porte moderado, folhas paripinadas, alternas, folíolos elíptico-oblongos; flores esbranquiçadas em panículas terminais axilares; fruto cápsula septifragal; sementes aladas.

Fl. e Fr: Mar.-MaioLocal: Jerrela LMN: 17813

Dismenorreia: As raízes juntamente com *Piper nigrum* e leite de vaca são transformadas em pasta e administradas em doses de 2 colheres por dia durante 3 dias. **VIH:** Casca do caule e folhas secas à sombra e transformadas em pó. O pó de cerca de 5-100 g é administrado por via oral durante 6 meses.

Indigestão: uma colher de extrato de casca de caule administrada duas vezes por dia durante 5 dias.

Reumatismo: Uma cataplasma da casca aplicada externamente até à cura.

Stachytarpheta jamaicensis (Salisb.) Fam :Verbenaceae

VN: Jamikatulasi

Erva alta; folhas grosseiramente serrilhadas, glabras; flores de cor branca, frutos oblongos, estriados.

Fl. & Fr.: Durante todo o ano Local: ArakuLMN: 17682

Antídoto para mordedura de cobra: 8 ml de sumo da planta administrados por via oral uma vez logo após a mordedura da cobra.

Cortes e feridas: As folhas são trituradas com as de *Leucas cephalotes* e a pasta é aplicada sobre as partes afectadas.

Sterculia urens Roxb. Fam: Sterculiaceae VN: Konda thamara

Árvore de 12 m de altura; folhas muito grandes, 5 lóbulos; flores em panículas muito ramificadas; folículos oblongos, densamente pubescentes, misturados com pêlos urticantes: sementes 3-6 oblongas, pretas.

Fl. e Fr: Jan.-Abr.   Local: TyadaLMN: 17689

Anti-fecundidade: A casca da raiz é removida e o material da medula é seco e transformado em pó. Mistura-se com igual quantidade de açúcar. Esta mistura e a pimenta em pó na proporção de 3:1 administrada em doses de 2 colheres duas vezes por dia juntamente com água durante 7 dias.

Artrite reumatoide: Casca do caule moída com curcuma e o filtrado ligeiramente aquecido e administrado em 2 colheres duas vezes por dia durante 5 dias.

Streblus asper Lour. Fam: Moraceae VN: Baranika chettu

Árvore pequena, rígida, perene; folhas simples, romboides, elípticas, escabrosas nas duas faces;

flores verde-amareladas em cimas axilares: drupas encerradas em perianto amarelo.

Fl. e Fr: Fev.-Jun.   Loc: Uppa LMN: 17822

Artrite reumatoide: Raízes secas trituradas com as de *Holarrhena pubescens* e *Piper longum.* Este pó é misturado com água e fervido juntamente com um pouco de pote de barro.

Strychnos nux-vomica L. Fam: Loganiaceae VN: Mushidi

Árvore de folha caduca até 15 m de altura, com espinhos axilares curtos; folhas elíptico-orbiculares; flores branco-esverdeadas, perfumadas, em cimas terminais compostas; fruto baga globosa, de casca grossa, alaranjada quando madura, ligeiramente rugosa mas brilhante: sementes numerosas.

Fl. & Fr.: Mar.-MaioLocal   : NerellavalasaLMN: 17692

Asma: Casca do caule esmagada com pimenta preta e esta decocção administrada em doses de 2-3 colheres duas vezes por dia durante 45 dias.

Disenteria: 1 colher de extrato de casca de caule administrada com mel duas vezes por dia durante 2 dias.

Strychnos potatorum L. F. Fam: Loganiaceae VN:Indupu nirmali Árvore de porte moderado; folhas simples, ovadas, truncadas na base, agudas no ápice; flores brancas, em cimas axilares; bagas ovóides, negro-azuladas quando maduras.

Fl. e Fr: Jun.-Sep.   Loc: Minumuluru LMN: 17826

Pressão sanguínea: pasta de sementes misturada com pasta de raiz de *Abelmoschus ficulneus* e sementes *de Cuminum cyminum* administrada por via oral durante 5 dias.

Tosse: Pasta de sementes misturada com a de *Terminalia chebula* e esta pasta administrada em doses de 2 colheres uma vez por dia durante 3 dias.

Syzygium cumini L. Skeels Fam: Myrtaceae VN: Neredu

Árvore de porte médio a grande; folhas simples, elípticas ou ovado-lanceoladas; flores brancas esverdeadas em panículas; frutos globosos, roxos escuros com polpa suculenta rosada, 1 semente.

Fl. e Fr: Abr.-Jun.   Loc: Uppa LMN: 17831

Queimaduras e feridas: Cinzas da casca do caule misturadas com óleo de Níger aplicadas sobre as partes afectadas.

Tosse: 5 ml de extrato de casca de caule administrados por via oral duas vezes por dia durante 3 dias.

Diabetes: Sementes secas moídas em pó. Este pó é misturado com água quente e tomado em doses de 2 colheres duas vezes por dia durante 30 dias.

Disenteria: 3 ml de sumo de folhas administrados por via oral duas vezes por dia durante 2 dias.

Tamarindus indica L. Fam: Caesalpiniaceae VN: Chinta

Árvore com cerca de 15 m; ramos glabros, casca fissurada; folhas com cerca de 80 cm de diâmetro. 3 partes, cada uma irregularmente pinada, glabras; flores verdes com 1 cm de diâmetro, caídas em umbelas; perianto verde, segmentos oblongos; bagas ovóides com perianto persistente; sementes numerosas. Estriadas.

Fl.: Jan.-MaiFr   : Abr.-Jul. Local: Chompa LMN:17702

Asma: 5ml de decocção da casca administrada uma vez por dia durante 21 dias.

Dores de costas, menorragia e fraqueza: 10 ml de extrato de frutos misturados com açúcar velho na proporção de 1:2, administrados duas vezes por dia durante 7 dias.

Icterícia: Pó de flores misturado com sumo de folhas e flores de *Leucas aspera* e administrado numa dose de 1 colher por dia durante 4 dias. ***Tarenna asiatica*** (L.) Kuntze ex Schummann Fam: Rubiaceae VN: Kommi

Arbusto; folhas elípticas ovadas; flores brancas em cimas ramificadas e corimbosas; bagas orbiculares, verdes; muitas sementes.

Fl. e Fr: Fev.-Out.   Local: GangavaramLMN: 17706

Disenteria: Casca do caule esmagada com a de *Jatropha curcas*, 2 colheres do extrato administradas três vezes por dia durante 3 dias.

Eméticos: Casca do caule esmagada até formar uma pasta com a de *Wrightia tinctoria* e a pasta administrada em doses de 3 colheres por dia.

Tephrosia hirta (L.) Pers (Fig. 3.24) Fam: Fabaceae VN: Vempali Uma erva perene ascendente com ramos longos, rígidos e pendentes;

folíolos 13-17, obtusos, emarginados na extremidade; flores púrpura, em racemos axilares; vagens rectas, cilíndricas, sementes verdes.

Fl. & Fr.: Out.-Jan.   Loc: G. MadugulaLMN: 17836

Febre: 2 colheres de decocção da raiz juntamente com frutos de pimenta preta administradas duas vezes por dia durante 3 dias.

Paralisia: 1 colher de pó de raiz seca misturado com o pó de *Cassia occidentalis* moído com açúcar de cana administrado uma vez por dia durante 45 dias.

Dores de estômago: Raiz triturada com o rizoma seco de *Zingiber officinale* e sementes *de Trachyspermum roxburghianum*, 5 ml deste extrato administrados duas vezes por dia durante 3 dias.

Terminalia arjuna (Roxb. ex DC.) Wt. & Arn. Fam: Combretaceae VN: Tella maddi

Árvore de grande porte até 20 m; folhas espiraladas a subopostas, oblongas ou obovadas, nervuras 14-17 pares, obtusas-subcordadas, crenadas-serradas, ápice obtuso; espigas axilares em panículas; drupas 5-anguladas, 5-aladas, asas oblíquas, ápice entalhado.

Fl. e Fr: Abr.-Dez. Local: SholabhamLMN: 17715

Asma: Casca fervida em água e a decocção tomada por via oral até à cura. **Diabetes:** Uma colher de decocção da casca do caule administrada juntamente com uma pitada de *Saccharum officinarum* duas vezes por dia durante 21 dias.

Dores no peito: Um tónico preparado a partir da casca da árvore para problemas cardíacos.

Leucorreia: 5 ml de decocção da casca do caule administrados juntamente com açúcar uma vez por dia durante 15 dias.

Terminalia bellirica (Gaertn.) Roxb. Família: Combretaceae
VN: Tanikaya

Árvore de folha caduca de grande porte; folhas simples, ovadas ou elípticas obovadas; flores amarelo-esverdeadas pálidas em espigas axilares; drupas ovóides, obscuramente 5-anguladas, estreitadas num pedúnculo muito curto, castanhas - tomentosas.

Fl. & Fr.: Mar.-MaioLocal: Tarlasingi LMN: 17745

Asma: Frutos moídos com os de *Terminalia chebula*, *Balanites aegyptiaca;* raízes de *Aristolochia* *indica, Rauvolfia serpentine* e *Syzygium aromaticum*. 1 colher de pó com mel, três vezes por dia, durante 30 dias.

Terminalia chebula Retz. Fam: Combretaceae VN: Karakkaya

Árvore de porte moderado, com 10 m de altura; folhas elíptico-oblongas, agudas; flores em espigas paniculadas terminais e axilares; drupas com 5 nervuras; sementes solitárias.

Fl. e Fr: Mar.-MaioLocalização		: Khilloguda LMN: 17841

Tosse: Pasta de frutos misturada com leite materno e administrada por via oral a bebés.

Veneno para peixes: Casca do caule e frutos esmagados administrados por via oral em doses de 2 colheres.

Tinospora cordifolia (Willd.) Miers ex Hook. f. Fam: Menispermaceae VN: Tippateega

Trepadeira lenhosa; casca papeleira e cortiça; pecíolo retorcido na base; folhas ovadas, cordadas, glabras, membranáceas; flores amarelas, carnudas, prendendo os estames no macho; drupetes que se tornam vermelhas com a idade.

Fl. e Fr: Jan.-Abr.		Local: SujanakotaLMN: 17725

Doença do quarto negro nos bovinos: Folhas fervidas com as de *Vitex negundo, Caesalpinia bonduc, Cassia occidentalis* e *Pupalia lappacea* e o extrato administrado por via oral para tratar a doença do quarto negro nos bovinos.

VIH: Planta inteira desta planta juntamente com *Sida cordata* e *Glycyrrhiza glabra* misturadas na proporção de 5:32 e moídas cuidadosamente e transformadas em pasta. O extrato obtido a partir desta pasta é administrado em doses de 2 colheres duas vezes por dia.

Úlceras do estômago: 3 colheres de extrato de tubérculo administradas por via oral duas vezes por dia até à cura.

Gripe suína: Decocção do caule utilizada como tónico para resistência a várias doenças como a gripe suína.

Toddalia asiatica (L.) Lam. Fam: Rutaceae VN:Kondakasinda Arrastadeira armada, espinhos terminais recurvados; folhas trifoliadas, sésseis; flores estaminadas ou pistiladas em panículas axilares ou terminais; frutos maduros pretos, 5-lobados, carnudos.

Fl. e Fr: Fev.-Dez.		Local: SunkanrimettaLMN: 17849

Anemia: As raízes trituradas com as raízes de *Murraya paniculata* 1 colher de sopa da pasta administrada com ghee durante 7 dias.

Disenteria: 5 ml de sumo de raiz administrado duas vezes por dia durante 3 dias.

Antídoto: 2 colheres de casca de raiz dadas imediatamente após a picada. **Galactogouge:** Raiz moída até formar uma pasta com sementes de *Trachyspermum roxburghianum,* 2 colheres da pasta administradas por via oral durante 3 dias. **Trianthema decandra** L. Fam: Aizoaceae, VN: Tella galijeru

Erva prostrada; folhas elíptico-oblongas, cuneiformes, inteiras, obtusas; flores em cachos densos em forma de umbela nas axilas das folhas, lado interno do cálice branco, estames 10; cápsula com 2 sementes, não encerrada no tubo do cálice.

Fl. e Fr: Jul.-Dez.		Local: GalikondaLMN: 15134

Icterícia: As folhas com raízes tuberosas de *Mirabilis jalapa, Boerhavia chinensis*, sementes de *Piper* *nigrum* e bolbos de *Allium sativum* são tomadas em quantidades iguais e moídas. Administram-se diariamente 2 colheres de pasta misturadas num copo de leitelho, uma vez de manhã cedo, durante 11 dias.

Tribulus terrestris L.Fam: Zygophyllaceae VN: Palleru

Erva prostrada; folhas paripinadas, folíolos elíptico-oblongos; flores amarelas, solitárias, axilares; fruto globoso, anguloso, espinhoso.

Fl. e Fr: Durante todo o ano Loc: Duduma LMN: 17738 **Icterícia:** Quantidades iguais da planta inteira *Amaranthus tricolor* com *Tribulus terrestris* transformadas em pasta. Duas colheres desta pasta misturadas com leite de vaca dadas de estômago vazio durante cerca de 7 dias.

Esterilidade: O pó da raiz misturado com igual quantidade de pó de sementes de sésamo e tomado com mel em doses de 1 colher duas vezes por dia durante cerca de 30 dias.

Infecções urinárias: A planta inteira em pó e o pó dissolvido em água de cerca de 50 ml, após algum tempo é filtrado e administrado em doses de 15 ml três vezes por dia durante 3 dias.

Trichosanthes tricuspidata Lour Fam: Cucurbitáceas

VN:Abotu dumpa

Trepadeira lenhosa de grande porte, gavinhas fendidas em 3; folhas palmadas de 3-5 lóbulos; flores unissexuais, as masculinas em racemos axilares, as femininas solitárias e axilares; fruto globoso, vermelho quando maduro, polpa verde escura com numerosas sementes.

Fl. e Fr: Ago.-Nov. Local: Gangavaram LMN: 17859 **Antídoto:** O tubérculo triturado com *Rhinacanthus nasutus, Aristolochia indica*. Um quarto do pó *de Piper nigrum* adicionado ao volume total do pó da raiz e transformado em comprimidos com leite de cabra. Administrar 3 comprimidos por dia.

Dismenorreia: Pó de tubérculo juntamente com leite de vaca administrado em doses de duas colheres por dia durante 3 dias.

Dor de ouvidos: Sementes fervidas com óleo de sésamo e 2-3 dias - gotas de óleo instiladas no ouvido.

Dores de estômago: Tubérculo moído em pasta com o de *Maeruva oblongifolia*, raízes de *Aristolochia indica* e folhas de *A. paniculata* e *O. tenuiflorum*. 1 colher de pasta administrada juntamente com água quente duas vezes por dia.

Estomatorréia: O tubérculo juntamente com o de *M. oblongifolia* e as raízes de *A.indica* moídos em pasta e administrados juntamente com água *de Cocos nucifera* **Tumores no estômago:** Tubérculo triturado em pasta juntamente com os de *Phoenix sylvestris, Corallocarpus epigaeus* e a pasta juntamente com água administrada em doses de uma colher por dia durante 5 dias.

Tridax procumbens L. Fam: Asteraceae VN: Gaddi chamanti

Herbácea prostrada híspida; folhas lobadas, lanceoladas; inflorescência principal, de cor amarela, com floretes de disco e floretes de raio presentes, cipsela de fruto com pappus branco.

Fl. e Fr.: Durante todo o ano. Local: Mampa LMN: 17741 **Cortes e feridas:** Pasta de folhas aplicada sobre as partes afectadas. **Icterícia:** Pasta de plantas com jaggery administrada em doses de duas colheres por dia durante 7 dias.

Tylophora indica (Burm.f.) Merr. Fam: Asclepiadaceae VN: Goripala Trepadeira muito ramificada com raízes carnudas; folhas ovado-oblongas, agudas, verde-pálidas e pubescentes abaixo; flores amarelo-esverdeadas ou púrpura-pálidas em cimas umbeladas laterais; corola rota, pequena e lisa.

Fl. e Fr: Jul.-Nov. Local: KinchumandaLMN   : 16863

Asma: Uma folha tenra com 3 frutos de pimenta preta mastigados com o estômago vazio uma vez por dia durante 30 dias.

Disenteria: A raiz é transformada em pasta, duas colheres da pasta são administradas duas vezes por dia durante 3 dias.

Vanda tessellata (Roxb.) Hook. ex. G. Don Fam: Orchidaceae VN: Atukulabaddu

Erva epífita; folhas carnudas, lineares, falcadas; flores castanho-amareladas, em racemos axilares; cápsula oblonga, estriada.

Fl. e Fr: Abr.-Set.   Loc: ChompaLMN: 17666

Fracturas: Raízes aéreas batidas em pasta com o caule de *Viscum articulatum,* casca do caule de *Litsea glutinosa,* tubérculos de *Dioscorea oppositifolia* e *Dioscorea pentaphylla.* A pasta, juntamente com óleo de gingelina e sangue de galinha preta, é transformada em comprimidos, um comprimido administrado por via oral uma vez por dia durante 9 dias.

Fraqueza nervosa: 5 ml de sumo de plantas administrados por via oral uma vez por dia durante 21 dias.

Doença de pele: Sumo das folhas aplicado sobre as partes afectadas.

Vernonia cinerea (L.) Less Fam: Asteraceae VN: Saha devi

Erva erecta, com 0,5-1 m de altura; folhas ovado-lanceoladas, agudas; flores em cabeças rosadas; fruto aquénio peludo com pappus branco.

Fl. e Fr: Durante todo o ano Local: ArakuLMN: 17763

Leucodermia: Uma colher de pó de sementes misturada com 2 frutos de pimenta preta administrada uma vez por dia durante 30 dias.

Febre da malária: Uma colher de decocção de raiz misturada com 2 frutos de pimenta preta administrada uma vez por dia durante 6 dias.

Vetiveria zizanioides (L.) Nash Fam: Poaceae   VN: Vattiveru

Erva aquática perene, tufada, robusta; bainhas das folhas glabras; panícula até 25 cm de comprimento.

Fl. e Fr: Ago.-Out. Local: GuntaseemaLMN: 17869

Alergia: Raízes moídas com as de *Achyranthes aspera* em doses de 10 g num copo de água uma vez por dia durante 3 dias.

Disúria: Cerca de 100 g das raízes fervidas em 500 ml de água durante cerca de 30 minutos e o filtrado em doses de 10 ml uma vez por dia, administrado com pouco açúcar durante 15 dias.

Viscum articulatum Burm. f. Fam: Loranthaceae

VN: Chettu bajanika

Arbusto semi-parasita muito ramificado, caules articulados, achatados, proeminentemente estriados; folhas escamiformes; flores verdes, em fascículos axilares, femininos centrais, masculinos laterais; bagas globosas.

Fl. e Fr: Ago.-Fev.   Local: AnnavaramLMN: 17767

Fratura: Trituração do caule com a casca do caule de *Litsea glutinosa,* raízes de *Vanda tesselleta,* tubérculos de *Dioscorea oppositfolia* e *Dioscorea pentaphylla.* A pasta, juntamente com óleo de gingelina e sangue de galinha preta, é transformada em comprimidos administrados por via oral em doses de 2 comprimidos duas vezes por dia durante 15 dias.

Vitex negundo L. Fam:Verbenaceae VN: Vavilli

Arbusto até 2 m de altura; folhas 3-5 foliáceas; flores em cimas tomentosas pedunculadas e ramificadas, em panículas terminais; drupas pretas, globosas.

Fl. e Fr: Durante todo o ano. Local: KitumulaLMN: 17878

Inchaço do corpo: Pasta de folhas transformada em comprimidos do tamanho de amendoins, 2 comprimidos administrados por via oral duas vezes por dia até à cura.

Dores de cabeça: As folhas são transformadas em pasta e esta é aplicada sobre a cabeça.

Icterícia: Folhas esmagadas com folhas de *Acalypha indica,* 3 dias - gotas de sumo fresco administradas por via oral e 1 gota cada instilada nos olhos durante um período de 3 dias.

Withania somnifera (L.) Fam: Solanaceae, VN: Aswagandha

Subarbusto ereto e ramificado, estrelado, tomentoso até 1 m de altura; folhas ovadas, base truncada, margem inteira, ápice agudo, pilosas; flores amarelo-esverdeadas em fascículos axilares; bagas globosas, sobrepujadas pelo cálice inflado e acrescentado, 5 ângulos, vermelhas quando maduras.

Fl. e Fr: Jul.-Out. Loc: Golikonda LMN: 15095

Afrodisíaco: 2 colheres de pó de raiz misturado num copo de leite são administradas à mulher e ao marido antes da relação sexual durante 5 dias.

Purificação do sangue: Uma colher de pó de planta inteira misturada num copo de leite é administrada diariamente uma vez durante 15 dias.

Tónico para o cérebro: O pó da raiz com a polpa do fruto de *Borassus flabellifer* e o açúcar de cana são tomados em quantidades iguais e moídos. A pasta é armazenada durante uma semana. Administram-se 2 colheres de sopa de pasta diariamente, duas vezes por dia, durante cerca de 10 dias.

Doenças de pele: A pasta de folhas é aplicada diariamente nas áreas afectadas duas vezes até à cura.

Piolhos: O pó de folhas secas é aplicado no corpo diariamente uma vez durante 4 d. **Galactagogo:** Uma colher de pó de raiz misturada num copo de leite de vaca é administrada diariamente uma vez durante 3 dias.

Doenças do fígado: Uma colher de pasta de sementes misturada com uma colher de mel é administrada diariamente duas vezes durante 15 dias.

Perturbações mentais: A pasta de plantas inteiras e o açúcar de cana de *Borassus flabellifer* tomados em quantidades iguais são triturados. Administram-se 30 g de pasta diariamente, duas vezes durante uma semana.

Perturbações nervosas: Uma colher de pó de raiz juntamente com mel é administrada antes do pequeno-almoço durante uma semana.

Woodfordia fruticosa (L.) Kurz. Fam: Lythraceae VN: Jeguru

Arbusto muito ramificado, até 2 m de altura; folhas subopostas, sésseis, ovado-lanceoladas; flores escarlates brilhantes em cimas axilares paniculadas; cápsulas elipsoides.

Fl. e Fr: Mar.-Jun. Local: GuntaseemaLMN: 17893

Diarreia: Pó de flores secas misturado com água morna e administrado em doses de duas colheres por dia durante 3 dias.

Icterícia: Casca juntamente com as de *Bauhinia racemosa*, *Mangifera indica* e *Oroxylum indicum*, extrato preparado 3ml do extrato administrado oralmente duas vezes por dia durante 6 dias.

Leucorreia: Uma colher de pó de flor seca misturada em meio copo de água quente administrada diariamente uma vez durante 3 dias.

Wrightia tinctoria (Roxb.) R. Br. Fam: Apocynaceae VN: Ankudu

Árvores de folha caduca até 6 m; látex leitoso; folhas opostas, elíptico-oblongas; flores brancas, perfumadas em cimas dicotómicas terminais; folículos emparelhados, cilíndricos.

Fl. e Fr: Fev.-Aug. Local: G.Madugula, Araku LMN: 16903

Asma: Látex com açúcar de cana tomado internamente sob a forma de comprimidos do tamanho de uma semente de grama de Bengala, duas vezes por dia, durante cerca de 15 dias.

Obesidade: A casca, juntamente com *Cuminum cyminum* e alho, é utilizada para reduzir o peso.

Xanthium strumarium L. Fam: Asteraceae VN: Maraluteega

Arbustos; caules roxos, manchados; folhas alternas, simples, ovadas, com vários lóbulos; flores em cabeças, verdes; frutos aquénios, espinhosos.

Fl. e Fr: Ago.-Dez. Local: VantlamamidiLMN: 17909

Furúnculos: 3 ml de extrato de raiz administrados uma vez por dia durante 2 dias.

Cancro: 10 ml de extrato de raiz administrados por via oral duas vezes por dia durante 45 dias.

Xylia xylocarpa (Roxb.) Taub. Fam: Mimosaceae

VN: Konda tangedu

Árvore de folha caduca de grande porte, casca cinzento-avermelhada; folhas bipinadas, folíolos 4-12 pares, oblongos, acuminados; flores pequenas, de cor creme em espigas globulares; fruto grande, deiscente, castanho-escuro; 6-10 sementes.

Fr.: Mar.-Abr. Fr.: Nov.-Dez. Loc: Tarlasingi LMN: 17913 **Gonorreia:** 2 colheres de extrato de casca de raiz administradas por via oral duas vezes por dia durante 15 dias.

Zingiber officinale Rosa. Fam: Zingiberaceae VN: Allamu

Planta perene; porta-enxerto horizontal, tuberoso, aromático; caule alongado, frondoso; folhas lineares, sésseis, lisas; espigas de flores que terminam o sistema frondoso; corola amarelo-esverdeada, labelo roxo escuro, muitas vezes manchado de amarelo, 3 lóbulos.

Fl. e Fr: Ago.-Set. Local: Bakuru, Minimuluru LMN: 17922

Anorexia: Cerca de 15 g de rizoma cozinhados com cerca de 25 g de açúcar mascavado e administrados uma vez por dia durante 5 dias.

Tosse: Uma colher de sumo de rizoma misturado com igual quantidade de manteiga de vaca, aquecida e massajada no peito e na garganta durante 4 dias antes de deitar.

Tónico digestivo: Utilizado em tónico digestivo.

Zingiber roseum (Roxb.) Rose. Família: Zingiberaceae

VN: Adavi allamu

Erva alta; folhas oblongo-lanceoladas, acuminadas, pubescentes, espigas vermelhas que nascem diretamente da raiz tuberosa; brácteas vermelhas brilhantes, flores com cerca de 4 cm de comprimento, corola vermelha.

Fl. e Fr: Ago.-Set.   Loc: SiragaonLMN: 17926

Leucodermia: Pasta de tubérculos misturada com o óleo de sementes de *Schleichera oleosa*, ligeiramente aquecida e aplicada sobre a área afetada.

Artrite reumatoide: A pasta do rizoma é tomada por via oral duas vezes por dia durante 15 dias.

Zizyphus oenoplea (L.) Mill. Fam: Rhamnaceae VN: Parimi

Arbusto muito troncudo e rastejante, ramos jovens com espinhos emparelhados, um direito e outro curvo; folhas simples, alternas, disticuladas, ovado-lanceoladas; flores verdes em cimas axilares; drupa globosa, preta, brilhante.

Fl. e Fr: Jul.-Dez.   Loc: Busuputtu LMN: 17934

Dor no peito: A raiz triturada com a casca de *Cipadessa baccifera* e o pó administrado em doses de uma colher duas vezes por dia durante 7 dias para a palpitação do coração.

Herpes: Raiz transformada em pasta e administrada por via oral juntamente com ghee durante 6 dias.

Ziziphus rugosa Lam. Fam: Rhamnaceae VN: Konda regu

Arbusto espinhoso de grande porte; folhas simples, elíptico-ovais, aveludadas por baixo; flores amarelo-pálido, em cimas axilares; drupas verde-pálido.

Fl & Fr.: Fev.-maio Local: Rudakota, JerrelaLMN: 17939

Diabetes: Folhas trituradas juntamente com as de *Aegle marmelos, Syzygium jambosa, Andrographis paniculata, Gymnema sylvestre* e tubérculo de *Corallocarpus epigaeus* (folhas e tubérculo na proporção de 2:1) e pó juntamente com água quente administrada 1 colher duas vezes por dia durante 7 dias.

Zornia diphylla (L.) Pers. (Fig. 3.25) Fam:Fabaceae

Erva pequena e difusa; folhas 2-foliadas; flores amarelas em racemos axilares. Erva comum em terrenos baldios e nos campos.

Fl & Fr.:Fev.-maio Loc:Saraya valasa LMN:17939

Diarreia: Pó de planta inteira seca misturado com água morna e administrado em doses de duas colheres por dia durante 3 dias.

Leucorreia: Uma colher de pó de planta inteira seca misturada em meio copo de água quente administrada diariamente uma vez durante 3 dias.

Zornia gibbosa Span. Fam: Fabaceae

Erva perene prostática; folhas 2-foliadas; flores amarelo-esverdeadas em racemos axilares.

Fl. e Fr: Fev.-MaioLocal: Khilloguda LMN: 17939

Disenteria: planta inteira triturada em pasta juntamente com as raízes de *Jatropha curcas* e *Hemidesmus indicus*, 2 colheres da pasta administradas duas vezes por dia durante 3 dias.

Dores de estômago: A planta inteira foi esmagada com folhas de *Madhuca longifolia, Rauvbolfia serpentina* e *Aristolochia indica* e a pasta foi transformada em comprimidos. Foi administrado um comprimido por via oral uma vez por dia durante 3 dias.

VII. RESULTADOS E DISCUSSÃO

A natureza e as plantas, em particular, são a base da nossa existência, tanto física como espiritualmente, constituindo as próprias raízes da cultura humana. A área de estudo compreende o distrito de Visakhapatnam, abrangendo 43 mandals, dos quais nove são maioritariamente habitados por tribos. A etnobotânica de todos os 43 mandals foi efectuada através da consulta de 79 vaidyas locais para a utilização de plantas na medicina.

A população total das tribos catalogadas na Índia é de 992,35 lakhs e constitui 8,19% da população total, de acordo com o relatório do Censo de 2011. A população tribal de Andhra Pradesh é de 55,79 lakhs, o que representa 6,58% da população total. Existem 33 grupos tribais no Andhra Pradesh e a lista das tribos reconhecidas do Andhra Pradesh é apresentada no Quadro 1.1. Destes, 13 grupos tribais que habitam a área desta agência são Bagata, Gadaba, Kammara, Konda Doras, Khondus, Kotia, Kulia, Malis, Manne Dora, Mukha Dora, Porja, Nooka Dora e Valmiki no distrito de Visakhapatnam e cuja população é de 4,58,015

de acordo com os relatórios do recenseamento de 2011. Todos estes 13 grupos estão presentes na divisão de Paderu.

Tabela 1.1: Dados demográficos das tribos (Censo 2011)

	Total population	Tribal population	% of tribal population
India	1210193422	99235860	8.19
Andhra Pradesh	84665533	5579458	6.58
Visakhapatnam	1730320	458015	26.46

Durante as viagens de exploração, foram registadas informações úteis do ponto de vista medicinal sobre 181 espécies de plantas pertencentes a 154 géneros e 81 famílias que são exploradas pelas tribos para a sua vida quotidiana. Entre as 81 famílias, 158 espécies de plantas pertencem a 67 famílias de dicotiledóneas, 20 espécies pertencem a 12 famílias de monocotiledóneas e 3 espécies pertencem a 2 famílias de pteridófitas (Quadro 1.2).

Tabela 1.2: Análise estatística da flora explorada na área de estudo

	Angiosperms			Pteridophytes	Total
	Dicots	Monocots	Total		
Family	67	12	79	2	81
Genus	132	19	151	3	154
Species	158	20	178	3	181

The family-wise analysis of ethnomedicinal data revealed that of the 81 families the top 10 dominant ones are Fabaceae represented by 13 species (7.18 %) followed by Euphorbiaceae with 8 species (4.41 %), Caesalpiniaceae with 7 species (3.86 %), Apocynaceae, Asclepiadaceae, Rutaceae com 6 espécies cada (3,31 %), Asteraceae, Linaceae, Moraceae, Rubiaceae com 5 espécies (2,76 %) constituindo 36,42 % do total de famílias (Quadro 1.3), (Gráfico 1).

Quadro 1.3: Dez principais famílias de utilização etnomedicinal

S.No.	Family	Species	Percentage
1	Fabaceae	13	7.18
2	Euphorbiaceae	8	4.41
3	Caesalpiniaceae	7	3.86
4	Apocynaceae	6	3.31
5	Asclepiadaceae	6	3.31
6	Rutaceae	6	3.31
7	Asteraceae	5	2.76
8	Linaceae	5	2.76
9	Moraceae	5	2.76
10	Rubiaceae	5	2.76

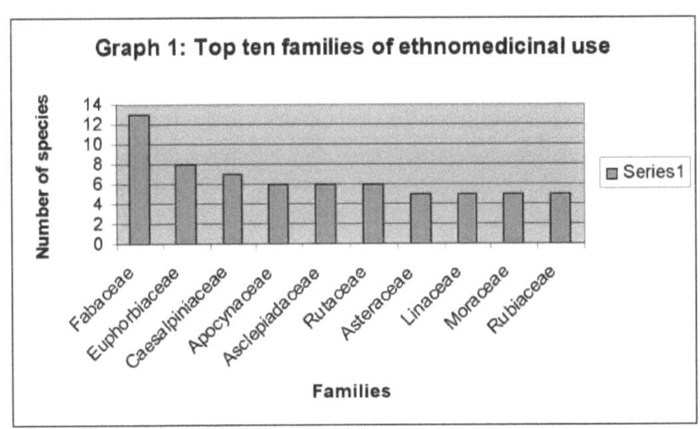

O presente estudo mostra claramente que a população local utiliza árvores (35,35 %), seguidas de ervas (34,25 %), trepadeiras (14,91 %), arbustos (13,25 %) e parasitas (2,20 %), (Quadro 1.4, Gráfico 2). Do total de 181 espécies de plantas registadas para fins etnomedicinais, 120 espécies são selvagens na natureza, 24 espécies são selvagens e também cultivadas e 37 espécies são puramente cultivadas para o seu uso básico como plantas alimentares e ornamentais.

Quadro 1.4: Riqueza da diversidade de drogas brutas: análise por hábito

S. No.	Habit	No. of species	% of richness
1.	Trees	64	35.35
2.	Herbs	62	34.25
3.	Climbers	27	14.91
4.	Shrubs	24	13.25
5.	Parasites	4	2.20

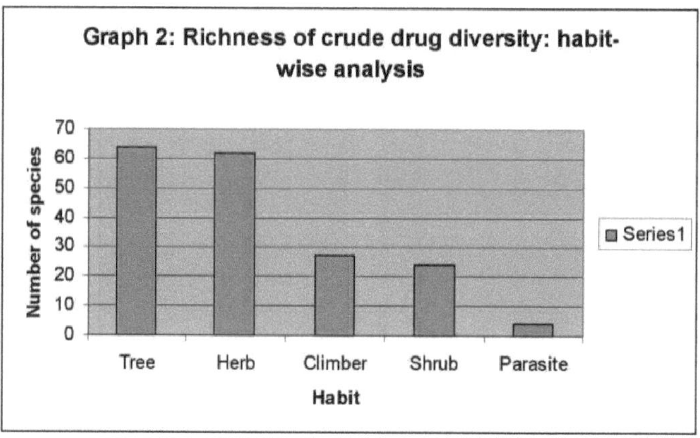

As partes morfológicas das plantas utilizadas para fins etnomedicinais foram classificadas em folha, raiz, casca do caule, planta inteira, semente, fruto, flor, látex, rizoma, casca da raiz e tubérculo. Dependendo da parte da planta utilizada para fins medicinais, a raiz constitui a percentagem mais elevada (27,27 %), seguida da folha (26,73 %), da casca do caule (13,19 %), da planta inteira (4,99 %), do fruto (4,27 %), da casca da raiz (4,09 %), da semente (3.74 %), planta (3,56 %), casca (2,67 %), rizoma (2,67 %), flores (1,6 %), caule (1,24 %), goma, inflorescência, látex (0,71 % cada), pericarpo, tubérculo (5,29 % cada) e cormo, perianto (0,35 % cada) (Quadro 1.5, Gráfico 3).

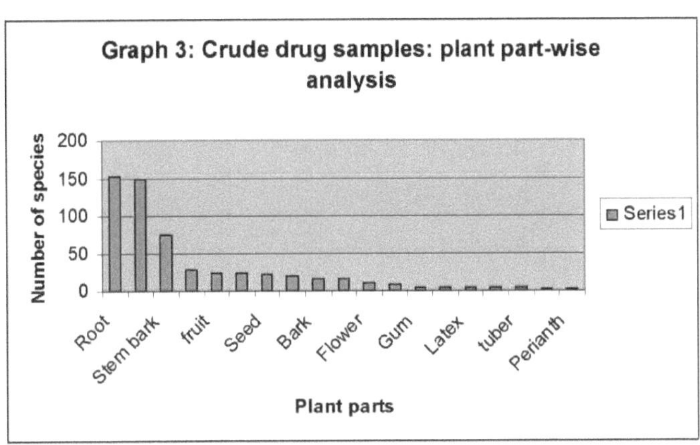

Quadro 5: Amostras de droga em bruto: análise por partes da planta

S.No.	Crud drug from	No. of species	% of analysis
1	Root	153	27.27
2	Leaf	150	26.73
3	Stem bark	74	13.19
4	Whole plant	28	4.99
5	fruit	24	4.27
6	Root bark	23	4.09
7	Seed	21	3.74
8	Plant	20	3.56
9	Bark	15	2.67
10	Rhizome	15	2.67
11	Flower	9	1.6
12	Stem	7	1.24
13	Gum	4	0.71
14	Inflorescence	4	0.71
15	Latex	4	0.71
16	Pericarp	3	0.53
17	tuber	3	0.53
18	Corm	2	0.35
19	Perianth	2	0.35

Um inquérito intensivo e entrevistas pessoais repetidas em diferentes bolsas resultaram na descoberta de 136 doenças na área (Quadro 6). As doenças comuns que prevalecem nas habitações dos grupos tribais são determinadas em consulta com os médicos locais. As doenças mais comuns são o aborto,

Tabela 6: Classificação das plantas etno-medicinais na área de estudo com base na doença.

S. No	Disease	Name of plant	Part used
1	Abortion	*Adiantum lunulatum*	Leaf
		Abrus precatorius	Seed
		Annona squamosa	Root
		Caesalpinia bonduc	Seed
		Costus speciosus	Rhizome
		Holoptelia integrifolia	Root
		Plumbago zeylanica	Root
2	Abscess	*Holoptelia integrifolia*	Leaf
3	Acidity	*Desmodium gangeticum*	Leaf
		Eclipta prostrata	Plant
4	Allergy	*Azadirachta indica*	Leaf
		Vetiveria zizanoides	Root
5	Anaemia	*Centella asiatica*	Leaf
		Lygodium flexuosum	Root
		Murraya paniculata	Root
		Olax scandens	Bark
		Toddalia asiatica	Root
6	Anasarca	*Elytraria acaulis*	Root
7	Anorexia	*Zingiber officinale*	Rhizome
8	Anthelmintic	*Alstonia venenata*	Stem bark
		Cassia occidentalis	Root
		Elephantopus scaber	Root

No.	Ailment	Plant	Part
		Mallotus philippensis	Fruit
9	Antidote	*Achyranthes aspera*	Seed
		Annona squamosa	Bark
		Hugonia mystax	Root bark
		Stachytarpheta jamaicansis	Plant
		Toddalia asiatica	Root
		Trichosanthes tricuspidata	Root
10	Antifertility	*Butea monosperma*	Stem bark
		Oroxylum indicum	Root bark
		Sterculia urens	Root
11	Antihelmintic	*Hugonia mystax*	Root
12	Antiseptic	*Eucalyptus globulus*	Leaf
13	Aphrodisiac	*Caryota urens*	Inflorescence
		Withania somnifera	Root
14	Appetite	*Azadirachta indica*	Flower
		Eclipta prostrata	Leaf
15	Asthma	*Andrographis paniculata*	Stem
		Annona squamosa	Leaf
		Azima tetracantha	Root
		Bauhinia racemosa	Stem bark
		Cassia absus	Flower
		Cassia alata	Flower
		Datura metal	Root
		Dendrophthoe falcata	Stem bark

		Gloriosa superba	Leaf
		Holarrhena pubescens	Bark
		Madhuca indica	Flower
		Phoenix sylvestris	Root
		Piper longum	Flower
		Sapindus emarginatus	Fruit
		Strychnos nuxvomica	Stem bark
		Tamarindus indica	Bark
		Terminalia arjuna	Bark
		Terminalia bellirica	Fruit
		Tylophora indica	Leaf
		Wrightia tinctoria	Latex
16	Back ache	*Tamarindus indica*	Fruit
17	Blackquarter disease	*Tinospora cordifolia*	Leaf
		Caesalpinia bonduc	Leaf
18	Blisters	*Desmodium gangeticum*	Leaf
		Holoptelia integrifolia	Leaf
		Pavetta indica	Leaf
19	Blood pressure	*Eclipta prostrata*	Plant
		Moring oleifera	Leaf
		Rauvolfia tetraphylla	Root bark
		Strychnos potatorum	Seed
20	Blood purification	*Schleichera oleosa*	Bark
		Withania somnifera	Whole plant
21	Body pains	*Eclipta prostrata*	Leaf

		Manilkara hexandra	Stem bark
22	Boils	*Acalypha indica*	Leaf
		Aloe vera	Leaf
		Argyreia nervosa	Leaf
		Buchanania lanzan	Stem bark
		Cassia occidentalis	Leaf
		Desmodium gangeticum	Leaf
		Eclipta prostrata	Leaf
		Elytraria acaulis	Leaf
		Ficus benghalensis	Leaf
		Mangifera indica	Gum
		Sida acuta	Root
		Xanthium strumarium	Root
23	Bone fracture	*Amorphophallus paeoniifolius*	Corm
		Azadirachta indica	Root bark
		Holoptelia integrifolia	Stem bark
		Pergularia daemia	Leaf
		Phyllanthus emblica	Leaf
		Schleichera oleosa	Stem bark
24	Brain tonic	*Withania somnifera*	Root
25	Breast pain	*Leonotis nepetiifolia*	Inflorescence
26	Bronchial allergy	*Flacourtia indica*	Root
27	Bronchitis	*Asparagus racemosus*	Root
		Eclipta prostrata	Whole plant

		Eucalyptus globulus	Leaf
28	Bruises	*Mallotus philippensis*	Fruit
		Moring oleifera	Leaf
29	Burns	*Cardiospermum halicacabum*	Leaf
		Eclipta prostrata	Whole plant
		Jatropha curcas	Latex
		Leonotis nepetiifolia	Inflorescence
		Syzygium cumini	Stem bark
30	Cancer	*Xanthium strumarium*	Root
31	Cataract	*Acacia sinuata*	Seed
32	Chest pain	*Aloe vera*	Leaf
		Bridelia retusa	Stem bark
		Gmelina arborea	Stem bark
		Polyalthia cerasoides	Gum
		Rauvolfia serpentina	Root
		Terminalia arjuna	Bark
		Ziziphus oenoplea	Root
33	Chicken pox	*Acalypha indica*	Leaf
		Azadirachta indica	Leaf
		Costus speciosus	Rhizome
		Polyalthia cerasoides	Gum
34	Cholera	*Aegle marmelos*	Stem bark
35	Cobrabite	*Gymnema sylvestre*	Root
36	Cold	*Acorus calamus*	Rhizome

		Aegle marmelos	Leaf
		Aloe vera	Leaf
		Azadirachta indica	Leaf
		Chloroxylon swietenia	Stem bark
		Diospyros melanoxylon	Stem bark
		Moring oleifera	Leaf
		Musa paradasiaca	Leaf
		Naravelia zeylanica	Leaf
37	Conception	*Pterocarpus marsupium*	Stem bark
38	Conjuctivitis	*Glycosmis pentaphylla*	Fruit
		Nelumbo nucifera	Perianth
		Ocimum tenuiflorum	Leaf
40	Constipation	*Acorus calamus*	Rhizome
		Eclipta prostrata	Root
41	Cooling affect	*Sapindus emarginatus*	Leaf
42	Cough	*Abrus precatorius*	Leaf
		Acalypha indica	Leaf
		Aloe vera	Leaf
		Azadirachta indica	Leaf
		Cassia absus	Seed
		Diospyros melanoxylon	Stem bark
		Gmelina arborea	Leaf
		Jatropha curcas	Stem bark
		Justicia adathoda	Leaf
		Moring oleifera	Leaf

		Pongamia pinnata	Leaf
		Strychnos potatorum	Seed
		Syzygium cumini	Stem bark
		Terminalia chebula	Fruit
		Zingiber officinale	Rhizome
43	Cracks	*Semecarpus anacardium*	Pericarp
44	Cuts	*Acalypha indica*	Leaf
		Coldenia procumbens	Whole plant
		Curculigo orchioides	Root
		Lannea coromandelica	Stem bark
		Semecarpus anacardium	Pericarp
		Sida acuta	Root
		Stachytarpheta jamaicansis	Leaf
		Tridax procumbens	Leaf
45	Dandruff	*Acacia sinuata*	Seed
		Aloe vera	Leaf
		Azadirachta indica	Leaf
		Caryota urens	Seed
		Gmelina asiatica	Fruit
		Nyctanthus arbor-tristis	Seed
		Sapindus emarginatus	Fruit
46	Deworming	*Andrographis paniculata*	Leaf
47	Diabetes	*Adiantum lunulatum*	Leaf
		Aegle marmelos	Leaf

		Andrographis paniculata	Leaf
		Asparagus racemosus	Root
		Azadirachta indica	Flower
		Bacopa monnieri	Whole plant
		Gymnema sylvestre	Leaf
		Momordica charantia	Fruit
		Syzygium cumini	Seed
		Terminalia arjuna	Stem bark
		Ziziphus rugosa	Leaf
48	Diarrhoea	Aegle marmelos	Fruit
		Aristolochia indica	Root
		Bauhinia racemosa	Root bark
		Buchanania lanzan	Stem bark
		Canavalia gladiata	Root
		Cryptolepis buchanani	Root
		Cyperus rotundus	Root
		Diospyros chloroxylon	Leaf
		Diospyros melanoxylon	Leaf
		Eclipta prostrata	Whole plant
		Elephantopus scaber	Root
		Eugenia bracteata	Roots
		Ficus racemosa	Stem bark
		Ficus religiosa	Stem bark
		Hemidesmus indicus	Root
		Justicia adathoda	Leaf

		Litsea glutinosa	Bark
		Musa paradasiaca	Fruit
		Nelumbo nucifera	Rhizome
		Ocimum basilicum	Seed
		Orthosiphon rubicundus	Root
		Pongamia pinnata	Leaf
		Woodfordia fruticosa	Flower
		Zornia diphylla	Whole plant
49	Digestive tonic	*Hemionitis arifolia*	Plant
		Zingiber officinale	Stem
50	Dysentry	*Abrus precatorius*	Root
		Acalypha indica	Leaf
		Azadirachta indica	Stem bark
		Bauhinia vahlii	Root
		Eclipta prostrata	Whole plant
		Erythrina suberosa	Root
		Eugenia bracteata	Root
		Euphorbia hirta	Leaf
		Gymnema sylvestre	Root
		Helicteris isora	Fruit
		Holarrhena pubescens	Root
		Jatropha curcas	Root
		Lagerstroemia parviflora	Leaf
		Litsea glutinosa	Bark
		Musa paradasiaca	Fruit

		Elephantopus scaber	Root
		Rubia cordifolia	Root
56	Emetics	Tarenna asiatica	Stem bark
57	Epilepsy	Abrus precatorius	Root
		Caesalpinia bonduc	Root bark
		Calotropis gigantea	Root
		Canavalia gladiata	Root
		Cuscuta reflexa	Plant
		Chloroxylon swietenia	Stem bark
		Coldenia procumbens	Root
		Ichnocarpus friutescens	Root
		Mimosa pudica	Root
		Mucuna pruriens	Root
		Pavetta indica	Root bark
58	Epileptic fits	Adiantum lunulatum	Rhizome
59	Eye infections	Bauhinia racemosa	Leaf
		Moring oleifera	Leaf
60	Fertility	Asparagus racemosus	Root
61	Fever	Cissus quadrangularis	Leaf
		Dalbergia latifolia	Stem bark
		Hemidesmus indicus	Root
		Lagerstroemia parviflora	Root bark
		Mimosa pudica	Leaf
		Rauvolfia serpentina	Root
		Scoparia dulcis	Plant

		Tephrosia hirta	Root
62	Fish poison	*Terminalia chebula*	Stem bark
63	Fits	*Ocimum tenuiflorum*	Leaf
		Plumbago zeylanica	Root
64	Fluent talk	*Mangifera indica*	Stem bark
65	Fractures	*Diospyros chloroxylon*	Stem bark
		Diospyros melanoxylon	Fruit
		Grewia tiliaefolia	Root bark
		Vanda tassellata	Root
		Viscum articulatum	Stem
66	Galactagogue	*Cryptolepis buchanani*	Leaf
		Eugenia bracteata	Root
		Gymnema sylvestre	Root
		Hemidesmus indicus	Root
		Toddalia asiatica	Root
		Withania somnifera	Root
67	Gastric troubles	*Lannea coromandelica*	Stem bark
		Ocimum tenuiflorum	Leaf
68	Gingivitis	*Eclipta prostrata*	Leaf
69	Gonorrhoea	*Ficus racemosa*	Bark
		Gmelina arborea	Leaf
		Orthosiphon rubicundus	Root
		Pedalium murex	Plant
		Pongamia pinnata	Root
		Solanum nigrum	Whole plant

No.	Disease	Plant	Part used
		Xylia xylocarpa	Root
70	Haemorrhage	*Ichnocarpus friutescens*	Root
71	Haemorrhoids	*Eclipta prostrata*	Root
72	Hair fall	*Eclipta prostrata*	Leaf
73	Head ache	*Arisaema tortuosum*	Tuber
		Barringtonia acutangula	Leaf
		Aerva lanata	Root
		Cissus quadrangularis	Stem
		Manilkara hexandra	Root
		Ocimum tenuiflorum	Leaf
		Piper longum	Fruit
		Vitex negundo	Leaf
74	Herpes	*Adiantum lunulatum*	Rhizome
		Hemidesmus indicus	Root
		Ziziphus oenoplea	Root
75	HIV	*Boerhavia diffusa*	Whole plant
		Centella asiatica	Whole plant
		Phyllanthus emblica	Fruit
		Plumbago zeylanica	Whole plant
		Soymida fbrifuga	Stem bark
		Tinospora cordifolia	Whole plant
76	Hydrocele	*Cassytha filiformis*	Whole plant
		Chlorophytum arundinaceum	Root
77	Impotency	*Chloroxylon swietenia*	Root bark

		Hybanthus ennaespermus	Whole plant
		Musa paradasiaca	Rhizome
78	Indigestion	*Aegle marmelos*	Fruit
		Soymida fbrifuga	Stem bark
79	Inflammation	*Hugonia mystax*	Root
		Rubia cordifolia	Root
80	Intermittent fever	*Azadirachta indica*	Stem bark
		Cyperus rotundus	Root
81	Intestinal worms	*Naringi crenulata*	Fruit
82	Intoxicant	*Phoenix sylvestris*	Stem bark
83	Irregular menstruation	*Cryptolepis buchanani*	Root
		Curculigo orchioides	Root
84	Jaundice	*Acalypha indica*	Leaf
		Acalypha indica	Leaf
		Cassia occidentalis	Leaf
		Centella asiatica	Plant
		Eclipta prostrata	Plant
		Evolvulus alsinoides	Leaf
		Ficus racemosa	Leaf
		Ixora pavetta	Stem bark
		Lawsonia inermis	Leaf
		Lygodium flexuosum	Leaf
		Mangifera indica	Leaf
		Mimosa pudica	Leaf

		Momordica charantia	Leaf
		Ocimum tenuiflorum	Leaf
		Pavetta indica	Stem bark
		Phyllanthus amarus	Plant
		Solanum surattense	Root bark
		Tamarindus indica	Flower
		Trianthema decandra	Leaf
		Tribulus terrestris	Whole plant
		Tridax procumbens	Plant
		Vitex negundo	Leaf
		Woodfordia fruticosa	Bark
85	Kidney stones	*Aerva lanata*	Whole plant
86	Leprosy	*Dalbergia latifolia*	Leaf
		Gmelina asiatica	Root
87	Leucorrhoea	*Aegle marmelos*	Leaf
		Aerva lanata	Whole plant
		Aloe vera	Leaf
		Andrographis paniculata	Leaf
		Bauhinia racemosa	Stem bark
		Boerhavia diffusa	Plant
		Bombax ceiba	Leaf
		Calotropis gigantea	Root
		Cardiospermum halicacabum	Root
		Celastrus paniculatus	Root bark

		Cleistanthus collinus	Stem bark
		Dendrophthoe falcata	Whole plant
		Eugenia bracteata	Fruit
		Euphorbia hirta	Leaf
		Evolvulus alsinoides	Whole plant
		Ficus benghalensis	Root
		Ficus racemosa	Fruit
		Haldinia cordifolia	Stem bark
		Lawsonia inermis	Root bark
		Madhuca indica	Stem bark
		Mangifera indica	Stem bark
		Memecylon umbellatum	Root bark
		Mimosa pudica	Whole plant
		Momordica charantia	Leaf
		Oroxylum indicum	Stem bark
		Rauvolfia serpentina	Stem
		Terminalia arjuna	Stem bark
		Vernonia cinerea	Seed
		Woodfordia fruticosa	Flower
		Zingiber roseum	Root
		Zornia diphylla	Whole plant
88	Leuoderma	*Dalbergia latifolia*	Stem bark
89	Lice	*Grewia tiliaefolia*	Leaf
		Withania somnifera	Leaf
90	Liver disorders	*Withania somnifera*	Seed

91	Liver enlargement	*Eclipta prostrata*	Leaf
		Oroxylum indicum	Root
92	Malaria	*Andrographis paniculata*	Root
		Nyctanthus arbor-tristis	Leaf
		Vernonia cinerea	Root
93	Memory	*Centella asiatica*	Plant
94	Menorrhagia	*Pedalium murex*	Leaf
		Tamarindus indica	Fruit
95	Mental disorders	*Bombax ceiba*	Root bark
		Diospyros chloroxylon	Leaf
		Elytraria acaulis	Leaf
		Hemidesmus indicus	Root
		Withania somnifera	Whole plant
96	Mosquito Repellant	*Chloroxylon swietenia*	Leaf
		Lannea coromandelica	Latex
97	Motions	*Lawsonia inermis*	Leaf
98	Muscle pain	*Abrus precatorius*	Root
		Cassytha filiformis	Stem
		Ixora pavetta	Root
		Nyctanthus arbor-tristis	Leaf
		Pergularia daemia	Leaf
99	Nervous disorders	*Withania somnifera*	Root
100	Nervous weakness	*Vanda tassellata*	Plant
101	Neuritis	*Chloroxylon swietenia*	Stem bark
		Glycosmis pentaphylla	Root

		Holoptelia integrifolia	Stem bark
102	Night blindness	*Sapindus emarginatus*	Fruit
103	Obesity	*Wrightia tinctoria*	Bark
104	Ophthalmic disease	*Acacia sinuata*	Leaf
105	Paralysis	*Alangium salvifolium*	Stem bark
		Capparis zeylanica	Root bark
		Cassia occidentalis	Root
		Ficus racemosa	Stem bark
		Murraya paniculata	Root
		Smilax zeylanica	Root
		Tephrosia hirta	Root
106	Peripheral neuritis	*Barringtonia acutangula*	Stem bark
		Pongamia pinnata	Stem bark
107	Piles	*Curculigo orchioides*	Root
		Manilkara hexandra	Stem bark
		Orthosiphon rubicundus	Root
		Pterocarpus marsupium	Stem bark
108	Pimples	*Amaranthus spinosus*	Fruit
		Eclipta prostrata	Leaf
109	Post natal care	*Butea monosperma*	Gum
110	Premature graying of hair	*Eclipta prostrata*	Leaf
111	Psoriasis	*Coldenia procumbens*	Leaf
112	Puerperal fever	*Naringi crenulata*	Stem bark
		Piper longum	Root

113	Rabies	*Calotropis gigantea*	Leaf
114	Respiratory diseases	*Bacopa monnieri*	Whole plant
115	Rheumatism	*Abrus precatorius*	Root
		Acorus calamus	Root
		Alangium salvifolium	Leaf
		Argyreia nervosa	Root
		Arisaema tortuosum	Tuber
		Aristolochia indica	Root
		Azima tetracantha	Leaf
		Barringtonia acutangula	Stem bark
		Bridelia retusa	Stem bark
		Celastrus paniculatus	Seed
		Cocculus hirsutus	Root
		Curcuma longa	Rhizome
		Datura metal	Leaf
		Dillenia pentagyna	Stem bark
		Euphorbia hirta	Leaf
		Ficus benghalensis	Bark
		Ficus racemosa	Latex
		Gloriosa superba	Root
		Hybanthus ennaespermus	Root
		Ipomoea obscura	Leaf
		Lagerstroemia parviflora	Stem bark
		Limonia acidissima	Root
		Litsea glutinosa	Stem bark

		Vanda tassellata	Leaf
		Withania somnifera	Leaf
120	Snake bite	*Aristolochia indica*	Root
		Hemidesmus indicus	Root
		Rauvolfia serpentina	Root
		Schleichera oleosa	Root bark
121	Spem production	*Smilax zeylanica*	Root
122	Spermatorrhoea	*Azadirachta indica*	Stem bark
123	Spleen enlargement	*Eclipta prostrata*	Leaf
124	Sprains	*Semecarpus anacardium*	Pericarp
125	Sterility	*Dioscorea bulbifera*	Root
		Tribulus terrestris	Root
126	Stomach ache	*Azadirachta indica*	Root bark
		Calotropis gigantea	Root
		Garuga pinnata	Stem bark
		Holarrhena pubescens	Root
		Elephantopus scaber	Root
		Lagerstroemia parviflora	Leaf
		Lygodium flexuosum	Root
		Pergularia daemia	Root
		Rauvolfia serpentina	Root
		Rubia cordifolia	Root
		Tephrosia hirta	Root
		Trichosanthes tricuspidata	Root
		Zornia gibbosa	Whole plant

127	Stomatorrhagia	*Trichosanthes tricuspidata*	Tuber
128	Swellings	*Semecarpus anacardium*	Seed
		Solanum nigrum	Whole plant
		Vitex negundo	Leaf
129	Syphilis	*Bauhinia vahlii*	Root
		Lawsonia inermis	Leaf
130	Throat infection	*Justicia adathoda*	Leaf
		Manilkara hexandra	Stem bark
131	Toothache	*Gmelina asiatica*	Root
		Naravelia zeylanica	Stem bark
		Phyllanthus amarus	Plant
		Solanum surattense	Seed
132	Tuberculosis	*Artocarpus heterophyllus*	Fruit
		Capparis zeylanica	Root bark
133	Tumors	*Asparagus racemosus*	Root
		Gymnema sylvestre	Root
		Trichosanthes tricuspidata	Root
134	Ulcers	*Chlorophytum arundinaceum*	Root
		Chloroxylon swietenia	Leaf
		Cuscuta reflexa	Plant
		Gmelina arborea	Leaf
		Momordica charantia	Root
		Phyllanthus emblica	Perianth
		Pueraria tuberosa	Root

		Rubia cordifolia	Root
		Semecarpus anacardium	Stem bark
		Smilax zeylanica	Root
		Tinospora cordifolia	Root
135	Urinary infections	Asparagus racemosus	Root
		Eclipta prostrata	Plant
		Pavetta indica	Root
		Tribulus terrestris	Whole plant
136	Wounds	Aloe vera	Leaf
		Asparagus racemosus	Root
		Bauhinia vahlii	Bark
		Chlorophytum arundinaceum	Root
		Chloroxylon swietenia	Leaf
		Eclipta prostrata	Leaf
		Gmelina asiatica	Fruit
		Haldinia cordifolia	Leaf
		Leonotis nepetiifolia	Inflorescence
		Mallotus philippensis	Seed
		Semecarpus anacardium	Stem bark
		Sida acuta	Root
		Stachytarpheta jamaicansis	Leaf
		Syzygium cumini	Stem bark
		Tridax procumbens	Leaf

abcesso, acidez, alergia, anemia, anasarca, anorexia, anti-helmíntico, antídoto, antifertilidade, anti-sético, afrodisíaco, apetite, asma, dor nas costas, doença do quarto negro, bolhas, tensão arterial, purificação do sangue, dores no corpo, furúnculos, fratura óssea, tónico cerebral, dores nos seios, alergia brônquica, bronquite, nódoas negras, queimaduras, cancro, cataratas, dores no peito, varicela, cólera, cobrabite, constipação, conceção, conjuntivite, prisão de ventre, efeito refrescante, tosse, fissuras, cortes, caspa, desparasitação, diabetes, diarreia, tónico digestivo, disenteria, dismenorreia, dispepsia, disúria, dor de ouvidos, eczema, eméticos, epilepsia, infecções oculares, fertilidade, febre, veneno de peixe, convulsões, fala fluente, fracturas, galactagogo, problemas gástricos, gengivite, gonorreia, hemorragia, queda de cabelo, dor de cabeça, herpes, VIH, hidrocele, impotência, indigestão, inflamação, febre intermitente vermes intestinais, intoxicação, menustruação irregular, iterícia, pedras nos rins, lepra, leucorreia, leucodermia, piolhos, desordens hepáticas, aumento do fígado, malária, memória, menorragia, perturbações mentais, repelente de mosquitos, movimentos, dores musculares, perturbações nervosas, neurite, cegueira nocturna, obesidade, doenças oftálmicas, paralisia, neurite periférica, pilastras, espinhas, cuidados pós-natais, envelhecimento prematuro do cabelo, psoríase febre puerperal, raiva, doenças respiratórias, artrite reumatoide, verme anelar, infeção do couro cabeludo, picada de escorpião, escorbuto, doenças de pele, picada de cobra, produção de esperma, espermatorréia, aumento do baço, entorses, esterilidade, dor de estômago, estomatorréia, inchaços, gripe suína, sífilis, infeção da garganta, dor de dente, tuberculose, tumores, úlceras, infecções urinárias, doenças venéreas, fraqueza da visão, feridas e rugas.

Cento e oitenta e uma espécies relatadas no presente estudo são usadas na cura de 136 afecções/doenças/perturbações diferentes, quer isoladamente quer em combinação. O número de doenças em que uma única espécie é utilizada para curar doenças varia entre 1 e 32. Das 181 espécies, cada uma das 23 plantas (12,70 %) cura uma única doença, seguida de 61 plantas (33,70 %) que curam duas doenças, 46 plantas (25,41 %) que curam três doenças, 27 plantas (14,91 %) que curam quatro doenças, 10 plantas (5.52 %) curam cada uma cinco doenças, 6 plantas (3,31 %) curam cada uma seis doenças, 3 plantas (1,65 %) curam cada uma sete doenças e *C. swietenia, A. indica, E. prostrate* curam cada uma 8, 21, 22 doenças, respetivamente. *A C. swietenia* está a curar 8 doenças, incluindo constipação, epilepsia, impotência, repelente de mosquitos, neurite, picada de escorpião, feridas e úlceras. *A A. indica* cura 21 doenças, incluindo alergia, disenteria, apetite, fratura óssea, varicela, constipação, prisão de ventre, caspa, diabetes, eczema, dor no peito, febre intermitente, iterícia, lepra, distúrbios mentais, mordedura de rato, artrite reumatoide, verme anelar, espermatorréia, dor de estômago e dor de estômago no gado. *A E. prostrate* cura 22 doenças que incluem acidez, tensão arterial, dores no corpo, furúnculos, bronquite, queimaduras, obstipação, diarreia, eczema, gengivite, hemorróidas, queda de cabelo, iterícia, aumento do fígado, perda de apetite, borbulhas, envelhecimento prematuro do cabelo, aumento do baço, infecções do trato urinário, fraqueza da visão, feridas e rugas. As doenças comuns curadas por *A. indica* e *E. prostrata* são apetite, obstipação, disenteria, eczema, iterícia, enquanto *C. swietenia* e *A. indica* são constipação e *C. swietenia* e *E. prostrata* são feridas.

Alguns problemas de saúde, perturbações e doenças veterinárias foram curados com 181 espécies de plantas do presente estudo. As práticas curativas recolhidas são classificadas em 18 categorias, tais como 94 espécies para doenças de pele, 85 espécies para problemas do sistema reprodutor, 57 espécies para espécies do sistema excretor, 52 espécies para problemas digestivos, 49 espécies para distúrbios respiratórios, 43 espécies para artrite reumatoide, 26 espécies para problemas nervosos, 24 espécies para diversos, 23 espécies para picadas e mordeduras, 21 espécies para doenças circulatórias, dores, 18 espécies para problemas relacionados com o sangue, 15 espécies para febres, 7 espécies para doenças oculares, 6 espécies para vermes, 4 espécies para problemas dentários, 3 espécies para doenças relacionadas com os ouvidos e 2 espécies para doenças veterinárias.

As práticas indicadas têm sido seguidas pelos diferentes vaidhyas desta floresta desde gerações; eles adquiriram o conhecimento destas práticas dos seus antepassados. Por exemplo, as raízes de *R. serpentine* são usadas para tratar mordeduras de cobra, do mesmo modo que as plantas mais comuns usadas para fins gerais são *Caryota urens, Madhuca longifolia* para a preparação de bebidas tipo chá; folhas de *C. swietenia* para a preparação de grãos alimentares, *A. paniculata* pela sua atividade anti-álcool. Estas descobertas interessantes do presente estudo foram verificadas várias vezes com a ajuda de vaidhyas e de alguns organismos locais.

O distrito de Visakhapatnam, no estado de Andhra Pradesh, é uma região rica em termos botânicos. O presente estudo incorpora os resultados de um estudo etnomedicinal aprofundado e planeado do distrito. Durante 2010-2013, foram efectuadas observações etnomedicinais cuidadosas nas zonas tribais e nas planícies do distrito, abrangendo três divisões fiscais (Paderu, Narsipatnam e Visakhapatnam) e 43 mandatos fiscais, dos quais onze são exclusivamente habitados por tribos.

O estudo envolve a recolha de dados sobre a utilização de recursos de biomassa vegetal pelos habitantes locais, em particular para fins medicinais. Também foram recolhidos dados sobre plantas ligadas às crenças, religião, rituais, festivais, etc. das tribos. Foram feitas tentativas para observar a etnologia das principais comunidades tribais no que diz respeito à origem, ocupação, costumes, vestuário, ornamentos, etc. Os factores naturais e sociais como a geografia, a geologia, o solo, o clima e a vegetação também estão incluídos no estudo, uma vez que têm um efeito direto ou indireto na relação natureza-homem-planta.

A presente investigação revela que um total de 181 espécies pertencentes a 161 géneros e 81 famílias foram utilizadas para vários fins. As dicotiledóneas estavam representadas por 67 famílias, 158 espécies; as monocotiledóneas por 20 espécies pertencentes a 12 famílias e as pteridófitas por 3 espécies pertencentes a 2 famílias.

As tribos de Visakhapatnam ainda dependem do antigo sistema de saúde indígena. Os seus conhecimentos sobre as utilizações medicinais das plantas não foram objeto de grande atenção no passado. Na era atual, as reivindicações etnomedicinais dos grupos indígenas foram documentadas e levaram os investigadores modernos a descobrir novos medicamentos do sistema moderno. As utilizações de medicamentos populares estão amplamente difundidas, particularmente nas comunidades aborígenes. Nas zonas rurais da Índia, devido à falta de meios de transporte adequados, de centros de cuidados de saúde primários, de sensibilização e de apoio financeiro suficiente para fazer face às despesas com os tratamentos, uma elevada percentagem da população tribal e rural desta região continua a depender dos medicamentos populares.

Para além dos sistemas de medicina Alopatia, Homeopatia, Ayurveda e Unani, o sistema tradicional de cura à base de plantas continua a existir e a ser transmitido oralmente de pessoa para pessoa e de geração em geração. Na ausência de patrocínio oficial, não pôde receber o devido apoio dos investigadores, pelo que permaneceu desconhecido ou menos conhecido do público durante um longo período. Devido aos muitos efeitos secundários do sistema moderno de medicamentos e à indisponibilidade de fármacos satisfatórios para o tratamento de diferentes doenças, os estudos sobre as alegações etnomedicinais foram incentivados em todo o mundo. O estudo etnomedicinal conduziu ao desenvolvimento de medicamentos modernos como a atropina, a digitoxina, a quinina, a serpentina, a reserpina, a morfina, a estricnina, etc.

O presente estudo revela que a riqueza vegetal das tribos do distrito de Visakhapatnam inclui uma variedade de espécies vegetais que servem como valiosa fonte de medicamentos para as massas. Os médicos ou curandeiros do sistema de saúde tradicional desempenham um papel importante na área de estudo. Estes curandeiros tradicionais contribuem muito para as práticas de cuidados de saúde nas zonas rurais. Para além disso, homens e mulheres idosos e experientes também oferecem as suas práticas de tratamento à população rural. Existem cerca de 79 curandeiros tradicionais na área de estudo.

As drogas brutas são preparadas a partir de partes de plantas tais como raízes, caules, folhas, flores, frutos, partes subterrâneas e produtos vegetais tais como látex, goma, etc. Os curandeiros tradicionais são muito selectivos quanto à escolha das partes de plantas durante a preparação dos medicamentos. Isto é sugestivo do facto de as substâncias químicas principais se depositarem na parte específica da planta.

Os curandeiros são muito exigentes quanto à hora específica de recolha e administração. O método de preparação dos medicamentos também varia. Por vezes, adicionam vários aditivos, como óleo, mel, ghee, leite, etc., para tornar as doses terapêuticas eficazes. A quantidade e o número de doses variam consoante a idade, o sexo e o estado de saúde do doente. Muito frequentemente, é administrado um único medicamento. Mas em alguns casos são administrados mais do que um tipo de medicamentos à base de plantas para curar uma determinada doença. Nesses casos, é difícil determinar a planta mais eficaz para essa doença específica. Tal só pode ser confirmado através de uma análise química e de estudos químicos.

As tribos acreditam que os espíritos bons ou maus não estão apenas ligados às doenças, mas também a outros assuntos mundanos como a morte, o nascimento, os casamentos, a agricultura, a construção de casas, o aborto, etc. As consequências destes tabus tradicionais conduzem por vezes a situações fatais durante o tratamento de doenças. Nas áreas tribais do interior do distrito acredita-se que as doenças são causadas devido à violação dos seus costumes e tabus sociais. Por conseguinte, este tipo de cura tradicional pode ter benefícios e, por vezes, complicações que levam a consequências fatais.

Os curandeiros tribais dificilmente conseguem distinguir entre febre simples e febre devida a malária ou febre tifoide. Por vezes é difícil distinguir entre diferentes doenças de pele como a sarna, o herpes, a urticária, etc. Não é fácil diferenciar diferentes doenças gastrointestinais. Por isso, o diagnóstico da doença, antes da administração do medicamento, é muito importante para o curandeiro tribal. As queixas gástricas mais comuns nesta área tribal são a diarreia, a disenteria, a indigestão, o sangramento das fezes, os vermes no estômago e outros tipos de dores de estômago. A situação torna-se por vezes grave nas zonas montanhosas do distrito de Visakhapatnam, uma vez que os habitantes locais têm um acesso limitado aos modernos serviços de saúde. Durante o nosso inquérito, foi referido que o número máximo de plantas é utilizado para o tratamento da artrite reumatoide. A presente investigação revela que estas queixas estão principalmente relacionadas com a má qualidade da água potável. Outras doenças comuns de que as tribos rurais sofrem são leucorreia, disenteria, diarreia, iterícia, asma, tosse, feridas, dores de estômago, epilepsia, febre, furúnculos, diabetes, dores no peito, úlceras, doenças de pele, problemas urinários, picada de cobra, picada de escorpião, aborto, epilepsia, problemas oculares e auditivos, problemas ginecológicos, varíola, varicela, complicações pós-natais e lepra, etc.

As tribos do distrito de Visakhapatnam usam a casca do caule de *A. indica* para tratar febre, dores no peito, lepra e iterícia, a folha para caspa, alergia, varicela, constipação, prisão de ventre, e a semente para artrite reumatoide, eczema e a casca da raiz para fratura óssea. A planta inteira é utilizada na cura de doenças de pele, febre e purificação do sangue no distrito de Kachchh de Gujarat (Chandra Shekhar e Rana, 2000). A decocção da raiz com pó de rizoma de *Zingiber officinale* é usada para curar a malária e a decocção das folhas e da casca do caule para purificação do sangue (Khanna e Ramesh Kumar, 2000), folhas para eczema com *Scoparia dulcis* no distrito de Kamrup de Assam (Gogoi e Borthakur, 2001), para furúnculos e comichão no distrito de Nalbari de Assam (Sarma *et al.*, 2001), folhas e óleo de semente para curar sarna e doenças de pele no distrito de Arghakhanchi do Nepal ocidental (Panthi e Chaudhary, 2003) e folha como vitalizador de saúde, semente para doenças de pele e caule para dores de dentes em Pondicherry (Nadanakunjidam e Abirami, 2005). A casca do caule como contracetivo, o extrato da folha como febrífugo e o óleo da semente como promotor de cabelo no distrito de Purulia, Bengala Ocidental (Chakraborty e Bhattacharjee, 2006), a pasta da folha para a varíola pela tribo Mullu kuruma do distrito de Wayanad, Kerala (Silija *et al*, 2008), decocção de folhas para herpes e iterícia no distrito de Chikmagalur de Karnataka (Prakasha *et al.*, 2010), decocção de folhas amargas para febre no distrito de Vizianagaram, Andhra Pradesh (Padal et al 2013), pasta das folhas para curar comichão na pele nas tribos Tharu do parque nacional de Dudhwa, Índia (Kumar e Bharati 2014) e caule utilizado para dores de dentes pela comunidade Chakma do distrito de Khagrachari, Bangladesh (Uddin et al 2015) .

A planta inteira de *Tinospora cordifolia* é utilizada em úlceras, distúrbios digestivos, VIH, doenças do quarto negro e gripe pelas tribos do presente estudo. A mesma planta é utilizada na cura da tuberculose e da febre pelos Maldharis do distrito de Kachchh de Gujarat (Chandra Shekhar e Rana, 2000) e para distúrbios gástricos, aumento do fígado e perda de vigor, para a malária no distrito de Kamrup de Assam (Gogoi e Borthakur, 2001), o caule para a febre no distrito de Bharatpur de Rajasthan (Kumar e Chauhan, 2005), folhas como expetorante no distrito de Solan de Himachal Pradesh (Verma e Chauhan, 2006), pasta do caule como emoliente para ossos rachados e após o parto para vitalidade no distrito de Purulia, Bengala Ocidental (Chakraborty e Bhattacharjee, 2006), sumo da planta contra inchaço e sumo do caule contra problemas gástricos e úlceras por tribos do distrito de Cachar de Assam (Das *et al.*, 2008) e a planta inteira contra a gonorreia e a diabetes pela tribo *Mullu kuruma* do distrito de Wayanad, Kerala (Silija *et al*, 2008) e decocção de folhas, casca e casca de raiz para diarreia e disenteria, sumo de folhas para queimaduras por tribos Jaintia de Meghalaya (Jaiswal, 2010), caule para iterícia e decocção de caule e folhas para pirexia no distrito de Chikmagalur de Karnataka (Prakasha *et al.*, 2010), folhas e caule para perturbações gástricas e iterícia por povos tribais do Bangladesh (Biswas *et al*, 2010), pó de raízes para curar picada de cobra no distrito de Vizianagaram, Andhra Pradesh (Padal et al 2013), pasta de frutas contra movimentos soltos por tribos Tharu do parque nacional de Dudhwa, Índia (Kumar e Bharati 2014) e decocção do tubérculo usado para curar úlceras estomacais na área do bosque sagrado de Parnasala, Ghats orientais do distrito de Khammam, Telangana, Índia (Rao et al 2015).

Para tratar a iterícia, Borthakur *et al.* (2004) observaram a utilização da folha de *Kalanchoe pinnata* e da folha de *Aloe vera* para curar a iterícia no nordeste da Índia. Maliya e Singh (2003) referiram a utilização de látex fresco de frutos verdes de *Carica papaya* em Uttar Pradesh. Bhatt e Sabnis (1987) referiram a utilização da casca de *Oroxylum indicum* no norte de Gujarat. Kaushal Kumar e Goel (1998) referiram a utilização da casca do caule de *Antidesma acidum* em Bihar. Panda e Padhy (2008) referiram a utilização da folha de *Abutilon indicum* e do látex de *Argemone mexicana* em Orissa. Murugesan e Balasubramanian (2007) referiram a utilização de raízes de *Cynoglossum zeylanicum*, folha de *Hygrophila auriculata*, raízes e folhas de *Phyllanthus amarus* em Tamil Nadu. Nilay Kumar e Chauhan (2007) referiram a utilização de ramos folhosos de *Syzygium cumini* e da planta inteira de *Vicoa vestita* em Himachal Pradesh para curar a iterícia. Singh et al (2012) utilizaram pó de rizoma de *Curcuma longa* e decocção de folhas de Lagenaria siceraria na floresta Terai do Nepal ocidental. Padal e Vijayakumar (2013) relataram a utilização de folhas de *Maytenus emarginata*, raiz e sumo de folhas de *Boerhaavia diffusa*, sumo de folhas de *Oldenlandia corymbosa*, pasta de sementes de *Oroxylum indicum* e pequenos pedaços de *Tinospora cordifolia* pelas tribos Valmiki de G. Madugula mandalam, Visakhapatnam, Andhra Pradesh, Índia. Belayneh e Bussa (2014) registaram a casca de *Terminalia brownie* no local pré-histórico dos vales de Harla e Dengego, no leste da Etiópia. Uddin et al (2015) trataram o sumo da casca de *Holarrhena pubescence* pela comunidade Chakma do distrito de Khagrachari, no Bangladesh. Folhas de *A. indica, A. aspera, C. occidentalis, E alsinoides, F. indica, L. inermis, L. flexuosum, M. indica, M. pudica*, casca do caule de *A. indica, I. pavetta, P. indica*; casca da raiz de *S. surattense*; casca de *W. fruticosa*; flor de *T. indica*; planta inteira de *C. asiatica, E. prostrate, T. terrestris, T. procumbens* são utilizadas para curar a iterícia pelas tribos do distrito de Visakhapatnam.

Katewa e Sharma (1998) referiram a utilização de 15 espécies de plantas pertencentes a 11 famílias e 15 géneros no tratamento da artrite reumatoide pela população rural dos distritos de Udaipur, Rajsamand e Jothipur do Rajastão. Khare e Khare (1999) registaram 21 plantas medicinais utilizadas para curar o reumatismo pela população rural do distrito de Chhatrapur de Madhya Pradesh. Pawar e Patil (2006b) estudaram 26 espécies pertencentes a 20 famílias utilizadas para o tratamento da artrite reumatoide pela população aborígene e rural do distrito de Jalgaon, Maharashtra. Rama Rao Naidu *et al.,* (2008) descreveram 38 espécies de plantas para curar o reumatismo por tribos do distrito de Srikakulam de Andhra Pradesh. Nath *et al.* (2011) forneceram informações sobre remédios tradicionais à base de plantas para o reumatismo por diferentes grupos étnicos de Assam. Murad et al (2012) relataram a infusão *de Buxus wallichiana*, poutice de frutos de *Daphne mucronata*, decocção de flores de *Justacia adhatoda*, infusão de folhas de *Olea ferruginea* e infusão da planta inteira de *Rhazya stricta* na floresta de Hazar Nao, distrito de Malakand, Paquistão. Padal et al (2014) pasta de folhas de Barleria prionitis na região costeira norte de Andhra Pradesh, Índia. Rao et al (2015) trataram do óleo de sementes de *Atalantia monophylla* na área do bosque sagrado de Parnasala, nos Ghats Orientais do distrito de Khammam, Telangana, Índia, enquanto os aborígenes da área de estudo utilizam 31 espécies de plantas viz, *A. precatorius, A. salvifolium, A. nervosa, A. tortuosum, A. indica, A. indica, A. tetrcantha, B. acutangula, B. retusa, C. paniculatus, C. hirsutus, C. longa, D. metal, D. pentagyna, E. hirta, F. benghalensis, F.*

racemosa, G. superba, H. ennaespermus, I. obscura, L. parviflora, L. acidissima, L. glutinosa, O. tenuiflorum, P. pinnata, P. tuberosa, S. oleosa, S. anacardium, S. febrifuga, S. urens e *S. asper* são remédios para a artrite reumatoide.

Hemadri e Rao (1983a, b) registaram 11 alegações de medicina popular para a leucorreia por tribos locais de Andhra Pradesh e Orissa. Venkataratnam e Venkata Raju (2005) analisaram 25 medicamentos brutos utilizados pelos Adivasis nos Ghats Orientais para curar a leucorreia. Harish Singh *et al* (2010) estudaram 15 espécies de plantas pertencentes a 13 famílias utilizadas tradicionalmente pelo povo tribal do distrito de Mayurbhanj de Odisha para o tratamento da leucorreia. Padal et al (2013) registaram o pó de sementes de *Mucuna pruriens* na divisão de Narsipatnam, Visakhapatnam, Andhra Pradesh. Padal et al (2014) trataram a decocção da casca do caule de *Acacia nilotica* na região costeira norte de Andhra Pradesh, Índia. Rao et al (2015) referiram o pó de sementes de *Vernonia cinerea* na zona do bosque sagrado de Parnasala, nos Ghats Orientais do distrito de Khammam, Telangana, Índia. As tribos da atual área de estudo utilizaram 32 plantas viz, *A. marmelos, A. lanata, A. vera, A. paniculata, B. racemosa, B. diffusa, B. ceiba, C. gigantea, C. halicacabum, C. paniculatus, C. collinus, D. falcata, E. bracteata, E. hirta, E. alsinoides, F. benghalensis, F. racemosa, H. cordifolia, L. inermis, M. indica, M. indica, M. umbellatum, M. pudica, M. charantia, O. indicum, R. serpentina, T. arjuna, V. cinerea, W. fruticosa, Z. roseum* e *Z. diphylla* para o mesmo efeito.

Bhattarai (1993b) registou 48 espécies de plantas utilizadas para tratar a diarreia e a disenteria no Nepal. Mohanty *et al.,* (1996) abordaram a etnomedicina para o tratamento de doenças diarreicas por tribos dos distritos de Ganjam e Phulbani do Sul de Orissa. (1998) analisaram a fitoterapia de doenças diarreicas e revelaram a utilização de 151 espécies de plantas em diferentes partes da Índia. Raju e Reddy (2005) enumeraram 37 espécies de plantas etnomedicinais utilizadas pelas tribos do distrito de Khammam para a disenteria e a diarreia. Pragada *et al.,* (2012) registaram 40 plantas medicinais utilizadas para o tratamento da disenteria. Bagul (2013) referiu a polpa de frutos maduros de *Diospyros melanoxylon* na região florestal de Satpuda, no distrito de Khandesh Jalgaon, Maharashtra. Kumar e Bharati (2014) trataram da decocção de sementes de Helicteres isora por tribos do parque nacional de Dudhwa, na Índia. Uddin et al (2015) relataram frutos de *Mimosa pudica* usados pela comunidade Chakma do distrito de Khagrachari, Bangladesh, e as tribos do presente estudo usadas para disenteria e diarreia são *A. precatorius, A. aspera, A. marmelos, A. indica, A. indica, B. racemosa, B. vahlii, B. lanzan, C. gladiata, C. buchanani, C. rotundus, D. chloroxylon, D. melanoxylon, E. prostrate, E. scaber, E. bracteata, E. hirta, F. racemosa, F. religiosa, G. sylvestre,*

H. isora, H. indicus, H. pubescens, J. curcas, J. adathoda, L. parviflora, M. paradasiaca, N. crenulata, N. nucifera, O. basilicum, O. rubicundus, O. indicum, P. pinnata, S. dulcis, S. nuxvomica, S. cumini, T. asiatica, T. asiatica, T. indica, Z. diphylla e *Z. gibbosa.*

Hembrom (1991) relatou a utilização de etnomedicina contra a asma pelos aborígenes dos distritos de Chotanagar e Santal Paraganas de Bihar.

Siddiqui e Hussain (1994) referiram 17 plantas medicinais utilizadas para a asma no distrito de Sitapur de Uttar Pradesh. Varma (1997) efectuou um estudo comparativo sobre os medicamentos populares para a asma das tribos Santhal, Paharia, Munda e Oraon de Chotanagar e Santhal Paragana de Bihar. Singh et al (2012) trataram do sumo da raiz de *Achyranthes aspera*, do caule seco e das folhas de *Datura metal* fumadas, da decocção quente das folhas de *Justicia adhatoda* na floresta Terai do Nepal ocidental. Padal et al (2013) referiram que o sumo de planta inteira de *Achyranthes aspera* no distrito de Vizianagaram, Andhra Pradesh, Índia. Padal et al (2014) registaram raízes de *Balanitis aegyptica* na região costeira norte de Andhra Pradesh. Uddin et al (2015) trataram do sumo do bolbo de *Allium cepa* pela comunidade Chakma do distrito de Khagrachari, Bangladesh, enquanto as tribos do presente estudo utilizaram 21 plantas medicinais viz, *A. paniculata, A. squamosa, A. tetracantha, B. racemosa, C. absus, C. alata, D. metal, D. falcata, G. superba, H. pubescens, M. indica, P. sylvestris, P. longum, S. emarginatus, S. nuxvomica, S. nuxvomica, T. indica, T. arjuna, T. bellirica, T. indica* e *W. tinctoria* para os mesmos rituais.

O subcontinente indiano possui uma riqueza florística de mais de 15 000 espécies de plantas superiores e cerca de um terço desta flora é endémica. O All India Coordinated Research Project on Ethnobiology estimou que, do total de 9.000 espécies, 7.500 são medicinais, 3.900 são comestíveis, 700 são culturalmente importantes, 525 são utilizadas para fibras, 400 para forragem, 300 para pesticidas e insecticidas, 300 para gomas, resina e corante e 100 fornecem incenso e perfumes (Anónimo, 1994).

No entanto, 3000-5000 espécies são de grande valor económico, incluindo cerca de 1000 plantas selvagens.

É motivo de grande preocupação saber que a qualidade e a quantidade de plantas medicinais estão a diminuir de dia para dia nas florestas da Índia. Os principais factores que contribuem para a extinção das plantas medicinais são a perda de habitat, a indução de espécies, a exploração excessiva e o crescimento demográfico. O processo de desflorestação praticado para fins florestais ou para a construção de barragens ou para fins residenciais ou para a erosão do solo, que conduz à lixiviação de alguns nutrientes valiosos necessários para o crescimento das plantas medicinais e ao desaparecimento de flora e fauna importantes dos ecossistemas, causando assim danos irreversíveis à natureza.

A informação dos grupos étnicos sobre a medicina tradicional à base de plantas sempre desempenhou um papel vital na descoberta de novos medicamentos. Em geral, o sucesso da medicina depende das proporções padrão e da combinação inteligente de diferentes plantas. Por conseguinte, são necessárias mais investigações sobre formulações compostas para verificar a sua eficácia e segurança, de modo a poderem ser utilizadas para fins medicinais. Um grande número de plantas ou as suas partes são utilizadas isoladamente para tratar diferentes doenças, tendo em conta a sua utilização em combinação com outras plantas ou partes de plantas adequadas, e as experiências resultantes podem ser exploradas em práticas futuras pelos vaidhyas e pelos curandeiros para uma cura eficaz das doenças.

As plantas medicinais utilizadas nas tradições de saúde locais estão a extinguir-se gradualmente devido às actividades de desenvolvimento, à explosão demográfica e a outras razões antropogénicas. A fim de inverter esta tendência, a domesticação de plantas medicinais selvagens é da maior importância. Os agricultores deveriam ser envolvidos no cultivo de plantas medicinais, pelo menos nas suas terras estéreis e em pousio. Isto aumentaria o seu rendimento e, por sua vez, ajudaria na conservação das espécies. A fim de salvaguardar este conhecimento, ele deveria ser documentado, preservado e patenteado. As curas para doenças como o cancro, a SIDA, etc. podem estar escondidas no tesouro destes folclores.

A industrialização, a urbanização, a modernização e as consequentes actividades de desenvolvimento, por um lado, e a aculturação das sociedades étnicas, por outro, provocaram a destruição das florestas e a devastação do conhecimento etnobotânico. É mais do que tempo de todas as organizações governamentais e não governamentais redobrarem os seus esforços para conservar as plantas com potencial valor económico, em particular as plantas medicinais e os ecossistemas que estas habitam. A melhor forma de o conseguir é envolver as populações locais, persuadindo-as a mudar as suas atitudes e comportamentos. Deve ser introduzida legislação adequada para controlar a utilização dos solos. A maior parte das plantas pode ser salva através da conservação dos locais onde crescem, ou seja, estabelecendo mais Parques Nacionais e Reservas Naturais como áreas protegidas.

A vegetação natural do distrito de Visakhapatnam está também a ser destruída a um ritmo alarmante como consequência direta das actividades humanas. Há certas bolsas florestais com vegetação rica e cobertura florestal, como Mampa, Vangasara, Sapparla, Dharma konda, Sholabham, Jerrela, Duduma, Uppa, Vantlamamidi, etc., onde também habitam populações tribais ricas. As principais comunidades tribais, como Bagata, Pojra, Kotia e Kulia, dependem sobretudo das plantas medicinais que crescem nas florestas próximas para os seus cuidados de saúde. A situação dos vaidhyas, dos curandeiros e de outros praticantes de medicina popular é horrível e não há patrocínio ou sequer uma recompensa pelos seus serviços. A não ser que lhes seja prestada assistência financeira imediata ou apoio sob uma forma adequada, todo o conhecimento etnomedicinal transmitido ao longo de milénios de experiência perde-se. Tal como a preservação e a conservação das plantas, a preservação e a conservação destes conhecimentos também são muito importantes.

Neste contexto, sugere-se que as tribos iniciem o cultivo de plantas medicinais em todas as zonas florestais abertas. A fim de evitar problemas de comercialização, devem ser criadas indústrias de transformação de medicamentos em bruto em mandals como Paderu, Aruku, Pedabayalu, G.K.Veedhi e Chintapalli, onde a população tribal é maior. Isto contribui para aliviar a pobreza das tribos, bem como para a conservação e preservação do germoplasma original. Todos os vaidhyas, curandeiros e praticantes de medicina tradicional devem ser identificados e deve ser-lhes dada formação para melhorarem os seus conhecimentos, devendo ser contratados pelo Governo como praticantes de medicina tradicional, com alguns honorários para sustentar a sua vida, de modo a que os seus serviços possam ser acessíveis às populações tribais remotas. Os conhecimentos etnomedicinais de que dispõem devem ser registados sem mais perdas, numa abordagem de campanha. Os mesmos conhecimentos medicinais podem ser objeto de uma análise mais aprofundada, para que possam ser explorados pelos modernos.

Os resultados do presente estudo demonstram que a persistência das práticas de medicina popular no distrito de Visakhapatnam demonstra que as pessoas ainda dependem dos conhecimentos indígenas para os cuidados de saúde, que estão a ser influenciados pela cultura e pelos aspectos socioeconómicos, constituindo uma alternativa mais barata e acessível aos remédios farmacêuticos de alto custo. Apesar da influência esmagadora e da nossa dependência da medicina moderna e dos enormes avanços nos medicamentos sintéticos, muitas pessoas continuam a confiar nos medicamentos à base de plantas, porque, se estes forem utilizados corretamente, não têm efeitos secundários. São também necessários outros estudos para preservar o conhecimento medicinal popular, que é importante para melhorar a nossa compreensão da relação entre o homem, a sociedade e a natureza, e também para elaborar estratégias mais eficazes de conservação dos recursos naturais, especialmente no distrito de Visakhapatnam, onde os estudos sobre este assunto são escassos.

VIII. RESUMO E CONCLUSÕES

A etnomedicina é o estudo dos métodos tradicionais de cuidados de saúde que se baseiam em crenças e práticas culturais indígenas e não derivam do quadro concetual da medicina moderna. Foi reconhecida como uma ciência multidisciplinar que inclui muitos aspectos interessantes e úteis das ciências das plantas. A utilização da medicina tradicional é a base dos cuidados de saúde primários, praticamente em todos os países em desenvolvimento.

Desde tempos imemoriais, as plantas têm fornecido as principais fontes de sustento e desenvolvimento da raça humana. Nos últimos anos, tem havido um debate considerável sobre a eficácia dos compostos sintéticos e naturais não só para aliviar o sofrimento humano, mas também para satisfazer as necessidades humanas. Os antimicrobianos à base de plantas representam uma vasta fonte inexplorada de medicamentos e é necessário efetuar uma maior exploração dos antimicrobianos à base de plantas para verificação. Devido aos efeitos secundários e à resistência que os microrganismos patogénicos desenvolvem contra os antibióticos, foi recentemente dada muita atenção aos extractos e compostos biologicamente activos isolados de espécies vegetais utilizadas na medicina herbal.

O distrito de Visakhapatnam, com uma área de 11 161 km^2 (4,1 % da área do estado), é um dos distritos costeiros do nordeste de Andhra Pradesh. A área de estudo situa-se entre 17 -34^{01} 11^{11} e 18 -32^{01} 57^{11} de latitude norte e 18 -51^{01} 49^{11} e 83 -16^{01} 9^{11} de longitude leste. É limitado a norte, em parte pelo estado de Odisha e em parte pelo distrito de Viziangaram, a sul pelo distrito de East Godavari, a oeste pelo estado de Odisha e a leste pela Baía de Bengala, com 43 mandals, dos quais 11 (Chintapalli, Koyyuru, G.K.Veedhi, G. Madugulu, Paderu, Pedabayalu, Muchigiput, Hukumpeta, Dumbriguda, Aruka valley e Ananthagiri) estão situados nos terrenos montanhosos conhecidos como a área da agência.

É realizada uma investigação pormenorizada sobre os taxa de plantas medicinais associados às tribos locais, com o objetivo de realizar estudos intensivos de exploração no terreno nas áreas de habitat tribal e de analisar as plantas medicinais selecionadas quanto às suas utilizações etnomedicinais, fitoquímicas e propriedades antimicrobianas.

As zonas montanhosas e planas de Visakhapatnam são habitadas principalmente por 13 comunidades tribais: Bagata, Gadaba, Kammara, Konda Doras, Khondus, Kotia, Kulia, Malis, Manne Dora, Mukha Dora, Porja, Reddi Dora, Nooka Dora e Valmiki.

Antes de iniciar os estudos de campo, foi consultada uma vasta literatura existente. Foram organizadas viagens de campo com consulta prévia de informadores entre diferentes povos tribais em diferentes localidades. Durante o presente estudo, foram entrevistados 79 localvaidyas/idosos, abrangendo 43 mandatos de agências.

Foram recolhidos dados sobre o hábito, o habitat e vários aspectos dos critérios taxonómicos, que foram registados no caderno de campo. Os dados registados foram contabilizados, contraverificados e a enumeração do género e das espécies foi preparada com a ajuda das floras de Gamble, Hooker e Matthew, bem como de outras floras, tendo o assunto sido documentado de forma vívida.

Com base na análise das actuais colecções do distrito de Visakhapatnam, as plantas medicinais foram descritas e organizadas nesta tese de acordo com a classificação de Bentham e Hooker. A nomenclatura foi cuidadosamente investigada e actualizada, de acordo com o Código Internacional de Nomenclatura Botânica e também com base em floras taxonómicas e literatura recentes.

O tratamento de cada espécie inclui a citação original do nome válido seguida dos nomes vernáculos, uma breve descrição da planta, os períodos de floração e frutificação, a localização do espécime examinado, o número de campo, juntamente com as utilizações etnomedicinais. Também foram recolhidos dados sobre as partes da planta utilizadas, o método de preparação do medicamento em bruto, a sua dosagem, o modo de administração praticado em todas as plantas medicinais que foram utilizadas no tratamento de várias doenças.

Na presente investigação, foram registadas as utilizações tradicionais de 181 espécies de plantas pertencentes a 154 géneros representando 81 famílias que estão a ser potencialmente exploradas pelos grupos tribais na cura de diferentes doenças humanas e veterinárias. Entre estas 181 espécies, 158 pertencem a dicotiledóneas, 20 pertencem a monocotiledóneas e 3 espécies pertencem a Pteridófitas.

Entre os diferentes membros das espécies de plantas nas suas respectivas famílias, Fabaceae é representada por 13 espécies (7,18 %), seguida por Euphorbiaceae com 8 espécies (4,41 %), Caesalpiniaceae com 7 espécies (3,86 %), Apocynaceae, Asclepiadaceae, Rutaceae com 6 espécies cada (3,31 %), Asteraceae, Linaceae, Moraceae, Rubiaceae com 5 espécies (2,76 %), constituindo 36,42 % do total das famílias.

É claramente evidente que a população local utiliza árvores (35,35 %), seguidas de ervas (34,25 %), trepadeiras (14,19 %), arbustos (13,25 %) e parasitas (2,20 %). Dependendo da parte da planta utilizada para fins medicinais, a raiz constitui a percentagem mais elevada (27,27 %), seguida da folha (26,73 %), da casca do caule (13,19 %), da planta inteira (4,99 %), do fruto (4,27 %), da casca da raiz (4.09 %), semente (3,74 %), planta (3,56 %), casca (2,67 %), rizoma (2,67 %), flores (1,6 %), caule (1,24 %), goma, inflorescência, látex (0,71 % cada), pericarpo, tubérculo (5,29 % cada) e cormo e perianto (0,35 % cada).

No total, foram registadas 136 utilizações terapêuticas diferentes para o tratamento de doenças/patologias humanas para as plantas citadas. Considerando as diferentes categorias de doenças nos seres humanos, a maioria dos remédios vegetais é utilizada para tratar problemas dermatológicos, problemas reprodutivos, sistema excretor, problemas digestivos, perturbações respiratórias, artrite reumatoide, problemas nervosos, febres, doenças oculares, vermes, etc.

Com base na utilização eficaz de fármacos brutos de plantas e na sua distribuição, as plantas viz. *Andrographis paniculata* Burm.f, *Bauhinia racemosa* L., *Bocapo monneri* Lam, *Bridelia retusa* L., *Caesalpinia bonducella* L., *Capparis zeylanica* L., *Cardiospermum halicacabum* L., *Cassia absus* L., *Chlorozylon swietenia* DC, *Celastrus paniculata* Wild., *Desmodium gangeticum* L., *Diospyros chloroxylon* Roxb., *Erythrina suberosa* Roxb., *Eugenia bracteata* Wild, *Euphorbia hirta* L., *Grewia tillifolia* Vahl., *Helicteres isora* L., *Hugonia mystax* L., *Ipomea obscura* Jacq., *Litsea glutionosa* Lour., *Manilkara hexandra* Roxb., *Memecylon umbellatum* Burm.f., *Ocimum tenuiflorum* L., *Olax scandens* Roxb, *Polyalthia cerasoides* Roxb., *Stachytapheta jamaicansis* Salisb., *Tephrosa hirta* L., *Tridax procumbens* L., *Zornia diphylla* L. e *Zornia gibbosa* Span. foram recomendadas para análises fitoquímicas e estudos farmacêuticos.

Os resultados do presente estudo demonstram que a persistência das práticas de medicina popular no distrito de Visakhapatnam demonstra que as pessoas ainda dependem dos conhecimentos indígenas para os cuidados de saúde, que estão a ser influenciados pela cultura e pelos aspectos socioeconómicos, constituindo uma alternativa mais barata e acessível aos remédios farmacêuticos de alto custo. Apesar da influência esmagadora e da nossa dependência da medicina moderna e dos enormes avanços nos medicamentos sintéticos, muitas pessoas continuam a confiar nos medicamentos à base de plantas, porque, se forem utilizados corretamente, não têm efeitos secundários. São também necessários outros estudos para preservar o conhecimento medicinal popular, que é importante para melhorar a nossa compreensão da relação entre o homem, a sociedade e a natureza, e também para elaborar estratégias mais eficazes de conservação dos recursos naturais, especialmente no distrito de Visakhapatnam, onde os estudos sobre este assunto são escassos. Além disso, as 30 plantas medicinais selecionadas podem ser utilizadas para descobrir a quantificação de produtos naturais bioactivos que podem servir como pistas para o desenvolvimento de novos produtos farmacêuticos que respondam a necessidades terapêuticas até agora não satisfeitas.

REFERÊNCIAS

Adnan M, Tariq A, Mussarat S, Begum S, AbdEisalam e Ullah R. 2015. Avaliação etnoginecológica de plantas medicinais na sociedade tribal de Pashtun. Hindawi Publishing Corporation, BioMed Research International. http://dx.doi.org/10.1155/2015/196475.

Ainslie W. 1813. Materia medica of Hindoostan, Neeraj publishing House, New Delhi, India.

Amiri MS, Jabbarzadeh P e Akhondi M. 2012. Um levantamento etnobotânico de plantas medicinais utilizadas pelos povos indígenas no distrito de Zangelanlo, Nordeste do Irão. Journal of Medicinal Plants Research 6(5):749-753.

Amri E e Kisangau DP. 2012. Estudo etnomedicinal de plantas utilizadas em aldeias em redor da reserva florestal de Kimboza em Morogoro, Tanzânia. Jornal de Etnobiologia e Etnomedicina 8:1-9.

Anis MM, Sharma P e Iqbal M. 2000. Herbal ethnomedicine of the Gwalior forest division in Madhya Pradesh, India. Pharmaceutical Biol 38:241-253.

Anónimo, 1994. Ethnobiology in India, A status report, (All India Coordinated Research Project in Ethnobiology). Ministério do Ambiente e das Florestas. Govt. of India, Nova Deli.

Arya KR. 2002. Utilizações tradicionais de algumas plantas comuns no folclore indígena de Dronagiri, uma colina mítica do Uttaranchal. Indian Journal of Traditional Knowledge 1:81-86.

Atkinson ET. 1882. The Himalayan district of North West Provinces of India. 3 Vols. Cosmopolitan Publications, Nova Deli.

Augustine J e Sivadasan M. 2004. Ethnomedicinal plants of Periyar Tiger Reserve, Kerala, India. Ethnobotany 16: 44-49.

Ayensu ES. 1981. Medicinal plants of West Indies (Plantas medicinais das Índias Ocidentais). Reference Publication Inc., Michigan.

Ayyanar M. 2012. Plantas medicinais indianas como fonte de agentes terapêuticos: uma revisão. Int J Medicinal Research 1(1):1-24.

Ayyanar MK, Sankarasivaraman e Ignacimuthu S. 2008. Medicamentos tradicionais à base de plantas utilizados para o tratamento da diabetes entre dois grandes grupos tribais no Sul de Tamil Nadu, Índia. Ethnobotanical Leaflets 12:276-280.

Bagul RM. 2013. Algumas espécies de plantas etnomedicinais da região florestal de Satpuda do distrito de East Khandesh Jalgaon, Maharashtra. Jornal sobre novos relatórios biológicos 2(3):264-271.

Bala Subramanian P, Rajasekaran A e Prasad SN. 1997. Medicina popular dos Irulas das florestas de Coimbatore, Tamil Nadu, Índia. Ancient Sci Life 16:222-226.

Balaji Rao NS, Rajasekhar D e Chengal Raju D. 1996. Remédios populares para a caspa das colinas de Tirumala de Andhra Pradesh. Ciência Antiga Vida 15:296-300.

Balangcod TD e Balangcod AKD. 2011. Conhecimento etnomédico de plantas e práticas de cuidados de saúde entre as tribos Kalanguya em Tinoc, Ifugao, Luzon, Filipinas. Indian Journal of Traditional Knowledge 10:227-238.

Basi Reddy M, Raja Reddy K e Reddy MN. 1988. Um inquérito sobre plantas medicinais das tribos Chenchu de Andhra Pradesh, Índia. Int J Crude Drug Research 26:189-196.

Basi Reddy M, Raja Reddy K e Reddy MN. 1989. Um inquérito sobre drogas vegetais em bruto do distrito de Anantapur, Andhra Pradesh, Índia. Int J Crude Drug Research 27:145-155.

Beegam R e Nayar TS. 2011. Plantas utilizadas para cuidados de saúde natal na medicina popular de Kerala, Índia. Jornal Indiano do Conhecimento Tradicional 10:523-527.

Behra SK, Panda A, Behra SK e Misra MK. 2006 b. Plantas medicinais utilizadas pelos Kandnas do distrito de Kandhamal, em Orissa. Indian J Trad Knowl 5:519-528.

Belayneh A e Bussa N. 2014. Plantas etnomedicinais usadas para tratar doenças humanas no local pré-histórico dos vales de Harla e Dengego, no leste da Etiópia. Jornal de Etnobiologia e Etnomedicina 10:18.

Bellany B. 1993. Ethnobiology-Expedition Field Techniques. Expedition Advisory Centre, Royal Geographical Society, Londres.

Bhandary MJ e Chandrashekar KR. 2011. Terapia herbal para herpes na etno-medicina de Coastal Karnataka. Jornal Indiano do Conhecimento Tradicional 10:528-532.

Bhatt RP e Sabnis SD. 1987. Contribution to the Ethnobotany of Khedbrahma region of North Gujarat. Journal of Economics and Taxonomic Botany 9:139-145.

Bhattarai NK. 1990. Medicina popular à base de plantas do distrito de Kobhre-Palanchock, Nepal Central. Inc. Journal of Crude Drug Research 28:225-231.

Bhattarai NK. 1993 a. Utilizações medicinais populares de plantas para problemas respiratórios no Nepal Central. Fitoterapia 64:163-170.

Bhattarai NK. 1993 b. Folk herbal remedies for diarrhoea and dysentery in central Nepal. Fitoterapia 64: 243-250.

Binu S. 2011. Plantas medicinais utilizadas no tratamento de dores corporais pelas tribos do distrito de Pathanamthitta, Kerala, Índia. Indian Journal of Traditional Knowledge 10:547-549.

Biswas A, Bari MA, Mahashweta Roy e Bhadra SK. 2010. Conhecimentos farmacêuticos populares herdados das populações tribais das zonas montanhosas de Chittagong, no Bangladesh. IJTK 9:77-89.

Boakye M, Pietersen D, Kotze A, Dalton D e Jansen R. 2014. Uso etnomedicinal de pangolins africanos por médicos tradicionais na Serra Leoa. Jornal de Etnobiologia e Etnomedicina 10:76.

Bodding PO. 1925. Studies in Santal medicines and connected folklore -I. Os Santals e as doenças. Mem Asiatic Soc Bengal 10:1132.

Bodding PO. 1927. Estudos sobre os medicamentos Santal e o folclore associado - II. Medicina Santal. Mem. Asiatic Soc. Bengal 10:133426.

Borah S, Das AK, Saikia D e Borah J. 2009. Uma nota sobre a utilização da etnomedicina no tratamento da diabetes pelas comunidades de mashing. Folhetos etnobotânicos 313:984-988.

Borah SM, Borah L e Nath SC. 2012. Plantas etnomedicinais da floresta de reserva do vale do disoi do distrito de Jorhat, Assam. Plant Sciences Feed 2(4):59-63.

Borthakur SK. 1976. Usos medicinais menos conhecidos de plantas entre as tribos das colinas de Mikir. Bull Bot Surv India 18:66-171.

Borthakur, S.K., B.T. Choudhury e R. Gogoi 2004. Folklore Hepato- protective Herbal recipes from Assam in North East India. Ethnobotany 16: 76-82.

Botanico-Peridium-Huntianum. 1968. George H.M. Lawrence e outros, Editores, Pittsburgh, Pa, Hunt Botanical Library, New York, NY, 10003. $ 30.00.

Bussmann R, Zambrana N, Chamorro M, Moreira N, Negri M e Olivera J. 2013. Perigo no mercado - classificação e dosagem de espécies utilizadas como antidiabéticos em Lima, Peru. Revista de Etnobiologia e Etnomedicina 9:37.

Bussmann RW e Glenn A. 2011. Combatendo a dor: Remédios tradicionais peruanos para o tratamento de asma, reumatismo, artrite e ossos doridos. Indian Journal of Traditional Knowledge 10:397-412.

Chadwick DJ e Marsh J. (ed.), 1994. Ethnobotany and the search for new Drugs. John Wiley & Sons, Chichester, Reino Unido

Chakraborty, M. K e A. Bhattacharjee 2006. Algumas utilizações etnomedicinais comuns para várias doenças no distrito de Purulia, Bengala Ocidental. Indian J. Trad. Knowl. 5: 554-558

Chandra Shekhar S e Rana A. 2000. Indigenous knowledge on medicinal plants and their use in Narayan Sarovar Sanctuary, Kachchh. Ethnobotany 12: 1-7.

Chhetri RB. 1994. Further observations on Ethnomedico-botany of Khasi hills in Meghalaya, India. Ethnobotany 6:33-36.

Chittibabu CV e Parthasarathy N. 2000. Atenuação da diversidade de espécies arbóreas em locais de floresta tropical sempre-verde afectados pelo homem em Kolli hills, Ghats Oriental, Índia. Biodiversity and Conservation 9:1493-1519.

Chittibabu CV e Parthasarathy N. 2001. Liana diversity and host relationships in a tropical evergreen forest in the Indian Eastern Ghats. Investigação Ecológica 16:519-529.

Chopra RN, Badhwar RL e Ghosh S. 1949. Poisonous plants of India. ICAR, Nova Deli.

Chopra RN, Chopra IC e Verma BS. 1969. Suplemento ao glossário de plantas medicinais indianas. CSIR, Nova Deli.

Chopra RN, Chopra IC, Handa KL e Kapur KL. 1958. Chopra's Indigenous drugs of India. U.N. Dhar and Sons Pvt. Ltd., Culcutá.

Chopra RN, Nayar SL e Chopra IC. 1956. Glossário de plantas medicinais indianas. CSIR, Nova Deli.

Coopoosamy RM e Naidoo KK. 2012. Um estudo etnobotânico de plantas medicinais utilizadas por curandeiros tradicionais em Durban, África do Sul; African Journal of Pharmacy and Pharmacology 6(11):818-823.

Algodão CM. 1996. Ethnobotany principles and applications. John Wiley and Sons.

Croom EM. 1983. Documenting and evaluating herbal remedies. Econ. Bot. 21: 235-237.

Das AK e Hui-Tag 2006. Estudos etnomedicinais da tribo Khanti de Arunachal Pradesh. IJTK 5:317-322.

Das AK. 1996. Usos menos conhecidos de plantas entre os Adis de Arunachal Pradesh. Ethnobotany 9:90-93.

Das, A. K., B. K. Dutta e Sharma G. D. 2008. Plantas medicinais utilizadas por diferentes tribos do distrito de Cachar, Assam. Indian J. Trad. Knowl. 7: 446-454.

De JN. 1968. Ethnobotany - a newer science in India. Science Culture 34:326-328.

Deepika Bhatt, Joshi GC e Tiwari LM. 2009. Cultura, habitat e práticas etnomedicinais do povo da tribo Bhotia da região de Dharchula do distrito de Pithorgarh em Kumaun Himalaya, Uttarkhand. Ethnobotanical Leaflets 13:975-983.

Dhatchanamoorthy N, Ashok kumar N e K Karthik. 2013. Plantas etnomedicinais usadas por tribos irulares em Javadhu Hills de Southern Eastern Ghats, Tamil Nadu, Índia. Revista Internacional de Investigação e Desenvolvimento Actuais 2(1):31-37.

Elavarasi S e Sarvanan K. 2012. Estudo etnobotânico de plantas usadas para tratar diabetes por tribos de Kollihills, distrito de Namakkal, Tamil Nadu, sul da Índia. Revista Internacional de Investigação em Tecnologia Farmacêutica 4(1):404-411.

Fleming J. 1810. A Catalogue of Indian Medicinal Plants and Drugs. AH Hubbard, Calcutá, Índia. P.72.

Gamble JS. 1915-1935. Flora of the Presidency of Madras, Vol. 1-3, (Vol. 3 por C.E.S. Fischer). BSI, Calcutá.

Ganesan S, Suresh N e Kesavan L. 2004. Levantamento etnomedicinal das colinas de palni inferiores de Tamil Nadu, Índia. IJTK 3:299-304.

Garcia de Orta. *1563*. Coloquio Des, Simples e Droges. A consassediciai da India, Goa.

George Lisa O' Rourke 1995. Etnomedicina na ilha de Tonga. Harvard Papers in Botany 6:1-36.

Ghatapanadi SR, Nicky Johnson e Rajasab AH. 2011. Documentação do conhecimento popular sobre plantas medicinais do distrito de Gulbarga, Karnataka. Indian Journal of Traditional Knowledge 10:349-353.

Ghorband DP e Biradar SD. 2012. Medicina popular utilizada pelas tribos da floresta de Kinwat do distrito de Nanded, Maharashtra, Índia. Jornal Indiano de Produtos Naturais e Recursos 3(1):118-122.

Gill LS, Idu M e Ogbor DN. 1997. Folk Medicinal Plants: Practices and Beliefs of the Bini people in Nigeria (Práticas e crenças do povo Bini na Nigéria). Ethnobotany 9:1-5.

Girach RD e Aminuddin 1995. Ethnomedicinal uses of plants among the tribals of Singbhum district, Bihar, India. Ethnobotany 7:103107.

Girach RD. 2001. Notas etnobotânicas sobre algumas plantas das colinas de Maahendragiri, Orissa, Índia. Ethnobotany 13:80-83.

Gogoi N. 2014. Sistemas medicinais tradicionais: An appraisal future prospects of Ethnomedicine, Publication cell, Lakhimpur Girl's college, Lakhimpur, Assam.

Gogoi R e Borthakur SK. 2001. Notas sobre receitas de ervas da tribo Bodo no distrito de Kamrup, Assam. Ethnobotany 13: 15-23.

Goud PS e Pullaiah T. 1996. Ethnobotany of Kurnool district - some wild plants used as food. India J Econ Taxon Bot 12:224-227.

Hari Babu M, Sandhya Sri B e Seetharami Reddi TVV. 2011a. Plantas medicinais utilizadas para o tratamento da dor abdominal pelas tribos do distrito de Visakhapatnam (Andhra Pradesh), Journal of Economy and Taxonomic Botany 35:314-319.

Hari Babu M, Sandhya Sri B e Seetharami Reddi TVV. 2011b. Fitoterapia tradicional para a diabetes do distrito de Visakhapatnam (Andhra Pradesh). Jornal de Economia e Botânica Taxonómica 35:326-330.

Harish Singh, Gopal Krishna e Baske PK. 2010. Fitoterapia tradicional para a leucorreia no distrito de Mayurbhanj, Odisha. Ethnobotany 22:128-131.

Hemadri K e Rao SS. 1989 a. Alegações folclóricas dos
distritos de Koraput e
Phulbani do estado de Orissa. Indian Medicine 1:11-13.

Hemadri K. e Rao SS. 1983a. Leucorrhoea and Menorrhagia: Tribal medicine. Ancient Science Life 3:40-41.

Hemadri K. e Rao SS. 1983b. Medicamentos antifertilidade, abortivos e promotores de fertilidade de Dandakaranya. Ciência Antiga Vida 3:103-107.

Hemadri K. e Rao SS. 1989 b. Medicina folclórica de Bastar. Ethnobotany 1:61-66.

Hemambara Reddy M e Venkatra Raju RR. 2000. Estudos médico-botânicos sobre drogas brutas de Amaranthaceae no Sul da Índia. J Econ Taxon Bot 24:623-626.

Hemambara Reddy M, Reddy RV e Venkata Raju RR. 1996. Perspetiva em medicamentos tribais com referência especial a Rutaceae em Andhra Pradesh, Índia. J Econ Tax Bot 20:3.

Hembrom PP. 1991. Medicina tribal em Chotanagpur e Santhal Parganas de Bihar, Índia. Ethnobotany 3:97-99.

Hernandery F. 1570-75. Etnobotânica - Uma nova ciência na Índia. Sci Cult 34:326-328.

Idu M, Gill LS, Omonhinmin CA e Ejale A. 2006. Usos etnomedicinais de árvores na tribo Bachama do estado de Adamawa, Nigéria. Indian Journal of Traditional Knowledge 5:273-278.

Idu M, Obaruyi GO e Erhabor JO. 2009. Usos etnobotânicos de plantas entre os Binis no tratamento de doenças oftálmicas e otorrinolaringológicas (ouvido, nariz e garganta). Ethnobotanical Leaflets 13:480-496.

Igoli JO, Tsenongo SN e Tor-Anyiin TA. 2011. Um levantamento de plantas anti-venenosas, tóxicas e outras usadas em algumas partes de Tivland, Nigéria. Jornal Internacional de Plantas Medicinais e Aromáticas 1(3):240-244.

Jadhav D. 2006. Usos etnomedicinais não declarados de *Calotropis gigantean* (L.) R.Br. entre as tribos do distrito de Ratlam, Madhya Pradesh, Índia. J NTERs 3:53-54.

Jadhav D. 2007 b. Plantas etno-medicinais utilizadas no tratamento de doenças das articulações pela tribo Bhil do distrito de Ratlam (Madhya Pradesh). J NTFPs 14:313-314.

Jadhav D. 2007a. Uma nota sobre algumas plantas etnomedicinais consideradas eficazes no tratamento da febre tifoide utilizadas pela tribo Bhil do distrito de Ratlam (Madhya Pradesh). J NTFP 14:225-226.

Jagtap SD, Deokule SS, Pawar PK e Harsulkar AM. 2009. Conhecimento etnomedicinal tradicional confinado à tribo Pawra de Satpure Hills, Maharashtra, Índia. Folhetos etnobotânicos 13:98-115.

Jain AK e Sharma HO. 1996. Ethnobiological studies of Sahariya tribe of Central India (Estudos etnobiológicos da tribo Sahariya da Índia Central). Ethnobiology in Human Welfare (Ed. S.K Jain). Deep publications, New Delhi, 397-399.

Jain S.K. 1963 b. Observations on Ethnobotany of the tribals of Madhya Pradesh (Observações sobre a etnobotânica das tribos de Madhya Pradesh). Vanyajati 11:177-183.

Jain SK, Benerjee DK e Pal DC. 1973. Plantas medicinais entre certos Adivasis da Índia. Bull. Bot Surv India 15:85-91.

Jain SK. (Ed.) 1987. A Manual of Ethnobotany. Scientific Publishers, Jodhpur.

Jain SK. (Ed.) 1989. Methods and approaches in Ethnobotany. Sociedade de Etnobotânicos, Lucknow

Jain SK. 1963 a. Studies in Indian Ethnobotany - Less known uses of fifty common plants from the tribal areas of Madhya Pradesh. Bull Bot Surv India 5:223-226.

Jain SK. 1963 c. Studies in Indian Ethnobotany - Plants used in medicine by the tribals of Madhya Pradesh. Bull. Reg. Res. Lab., Jammu 1:126-128.

Jain SK. 1991. Dictionary of Indian Folk Medicine and Ethnobotany (Dicionário de Medicina Popular Indiana e Etnobotânica). Scientific Publishers, Jodhpur, Índia.

Jain SK. 1997. Ethnobotany in India 315-317. Em Selin H. (Ed.) Encyclopaedia of the History of Science, Technology and Medicine in Nonwestern cultures. Kluwer, Dobrecht.

Jain SP, Sarika Srivastava, Singh J e Singh SC. 2011. Fitoterapia tradicional do distrito de Balaghat, Madhya Pradesh, Índia. Jornal Indiano do Conhecimento Tradicional 10:334-338.

Jaiswal, V 2010. Cultura e etnobotânica da comunidade tribal Jaintia de Meghalaya, Nordeste da Índia - Uma pequena revisão. Indian J. Trad. Knowl. 9: 38-44.

Jamir NS e Rao RR.1990. Cinquenta novas plantas medicinais interessantes utilizadas pelos Zealiangas de Nagaland (Índia). Ethnobotany 2:1118.

Jamir NS. 1997. Etnobiologia da tribo Naga em Nagaland 1 - plantas medicinais. Etnobotânica 9:101-104.

Janaki Ammal EK. 1956. Introduction t subsistence of economy of India. In William, L Thomas J (Ed) Man's role in changing the face of the earth 324-325. The University of Chicago Press. EUA.

Jeevan Ram A e Venkata Raju RR. 2001. Certos medicamentos brutos potenciais utilizados pelas tribos de Nallamalais, Andhra Pradesh, para doenças de pele. Ethnobotany 13:110-115.

Jeevan Ram A, Raja K, Eswara Reddy K e Venkata Raju RR. 2002. Medicinal plant lore of Sugalis of Gooty forests, Andhra Pradesh. Ethnobotany 14:37-42.

Jha RR e Varma SK. 1996. Ethnobotany of Sauria Paharias of Santhal Pargana Bihar-1 Medicinal plants. Ethnobotany 8:31-33.

Jones VH. 1941. The nature and status of Ethnobotany. Chron. Bot., 6: 219 - 221.

Joshi K, Joshi R e Joshi AR. 2011. Conhecimento indígena e usos de plantas medicinais em Macchegaun, Nepal. Indian Journal of Traditional Knowledge 10:281-286.

Joshi P. 1989. Herbal drugs in tribal Rajasthan from child birth to child care. Ethnobotany 1:77-87.

Joshi P. 1993. Remédios tribais contra picadas de cobra e picadas de escorpião em Rajasthan, Índia. Glimpes of Plant Research 10:23-30.

Kadali VN e Kindangi KR. 2015. Plantas etno-medicinais usadas pelo curandeiro tradicional do distrito de West Godavari, Andhra Pradesh, Índia. Jornal de Farmacognosia e Fitoquímica 3(6):117- 118.

Katewa SS e Sharma R. 1998. Ethonobotanical observations from certain water shed areas of Rajasthan. Ethnobotany 13:129-134.

Katewa SS, Chaudahry BL, Jain A. 2004. Medicamentos populares à base de plantas da área tribal de Rajasthan, Índia. J Ethnopharmacol 92:41-46.

Kaushal Kumar e Goel AK. 1998. Plantas etnomedicinais pouco conhecidas das tribos Santhal e Paharia em Santhal Pargana, Bihar, Índia. Ethnobotany 5:66-69.

Keter LK e Mutiso PL. 2012. Estudos etnobotânicos de plantas medicinais utilizadas por práticas de saúde tradicionais na gestão da diabetes na província oriental inferior, Quénia. Jornal de Etnofarmacologia 2012; 139(1):74-80.

Khanna KK e Ramesh K. 2000. Plantas etnomedicinais utilizadas pela tribo Gujjar do distrito de Saharanpur, Uttar Pradesh, Ethnobotany 12:17-22.

Khare PK e Khare LJ. 1999. Plantas utilizadas no reumatismo pela população rural do distrito de Chhatrapur, Madhya Pradesh, Índia. Journal of Economics and Taxonomic Botany 23:301-304.

Khongsai M, Saikia SP e Kayang H. 2011. Plantas etnomedicinais utilizadas por diferentes tribos de Arunachal Pradesh. Indian Journal of Traditional Knowledge 10:541-546.

Kim H e Song M. 2014. Análise das práticas etnomedicinais para o tratamento de doenças de pele nas comunidades da ilha de Jeju (Coreia). Indian Journal of Traditional Knowledge 13(4):673-680.

Kirtikar KR e Basu BD. 2003. Indian Medicinal Plants 1-11 vols. Lalitmohan Basu, Allahabad, Delhi.

Kolar AB, Esack ER, Vivekanandan L e Basha G. 2015. Plantas etnomedicinais e conhecimento tradicional da tribo Malayali nas colinas de Pachamalai, uma parte dos Ghats Orientais, Tamil Nadu, Índia. O Jornal de Etnobiologia e Medicina Tradicional. Photon 124:936-957.

Kshirsagar RD e Singh NP. 2000. Less-known ethnomedicinal uses of plants in Coorg district of Karnataka state, Southern India. Ethnobotany 12:12-16.

Kumar R e Bharati KA. 2012. Medicamentos veterinários populares no distrito de Jalaun de Uttar Pradesh, Índia. Revista indiana de conhecimentos tradicionais 11(2);285-295.

Kumar R e Bharati KA. 2014. Etnomedicinas das tribos Tharu do parque nacional de Dudhwa, Índia. Pesquisa e Aplicações em Etnobotânica 12:1-14.

Kumar, S. e A.K.S Chauhan 2005. Algumas plantas etnomedicinais do distrito de Bharatpur no Rajastão. J. Econ. Taxon. Bot. 29: 733-737.

Kumar, S. e I. A. Hamal 2011. Remédios à base de plantas utilizados contra a artrite no Parque Nacional de Alta Altitude de Kishtwar. Indian. J. Trad. Knowl. 10: 358-361.

Lijuan M, Ronghui G, Tang L, Chen Z, Rong D e Chunlin L. 2015. Plantas venenosas importantes na etnomedicina tibetana. Toxinas 7:138-155.

Lishichen "Pent Sao Kangmu". cf. E.H. Walker 1944. The plants of China and their usefulness to man. Smithsonian Institution, Washington, D.C. 1590.

Lorrain JH. 1940. Dietionário da língua Lushai. The Asiatic society. Calcutá (Reimpressão. 1975).

Lulekal E, Asfaw Z, Kelbessa E e Damme PV. 2013. Estudo etnomedicinal de plantas usadas para doenças humanas no distrito de Ankober, Zona Norte de Shewa, Região de Amhara, Etiópia. Jornal de Etnobiologia e Etnomedicina 9:63.

Mac Donald Idu e Omoruyi OM. 2003. Algumas plantas etnomedicinais da tribo Higgi do estado de Andamawa, Nigéria. Ethnobotany 15:4850.

Maheshwari JK, Singh KK e Saha S. 1980. Ethnomedicinal uses of plants by Tharus of Kheri district, Uttar Pradesh. Bull Medico Ethnobot Res 1:318-327.

Maheshwari JK, Singh KK e Saha S. 1981. The ethnobotany of Tharus of Kheri district, Uttar Pradesh - A report. Instituto Nacional de Investigação Botânica, Lucknow.

Maheswari J. Patenteando plantas e produtos medicinais indianos. 2011. Jornal Indiano de Ciência e Tecnologia 4(3):298-301.

Malik AH, Khusroo AA, Dar GH e Khan JS. 2011. Usos etnomedicinais de algumas plantas nos Himalaias de Caxemira. Indian Journal of Traditional Knowledge 10:362-366.

Maliya SD. 2004. Alguns medicamentos populares novos ou menos conhecidos do distrito de Bahraich, Uttar Pradesh, Índia. Ethnobotany16:113-115.

Maliya, S.D e K.K. Singh 2003. Alguns medicamentos populares novos ou menos conhecidos do distrito de Bahraich, Uttar Pradesh. Ethnobotany 15: 132-135.

Manandhar NP. 1998. Fitoterapia nativa entre a tribo nativa do distrito de Dadeldhura, Nepal. Journal of Ethnopharmacology 60:199-206.

Manjula RR, Koteswara Rao J e Seetharami Reddi TVV. 2011. Plantas etnomedicinais utilizadas para curar a iterícia no distrito de Kammam de Andhra Pradesh. Journal of Phytology 3: 33-35.

Meena KL e Yadav BL. 2010. Some traditional ethnomedicinal plants of Southern Rajasthan, Indian J Trad Knowl 9:471-474.

Meena KL e Yadav BL. 2011. Algumas plantas etnomedicinais utilizadas pela tribo Garasia do distrito de Sirohi, Rajasthan. Indian Journal of Traditional Knowledge 10:354-357.

Mesfin K, Tekle G e Tesfay T. 2013. Estudo etnobotânico de plantas medicinais tradicionais utilizadas pelos povos indígenas do distrito de Gemad, norte da Etiópia. Jornal de Estudos de Plantas Medicinais 1(4):32-37.

Mohanty RB, Dash SK e Padhy SN. 1998. Fitoterapia tradicional para doenças diarreicas na Índia - Uma revisão. Ethnobotany 10:103111.

Mohanty RB, Padhy SN e Dash SK. 1996. Fitoterapia tradicional para doenças diarreicas nos distritos de Ganjam e Phulbani no Sul de Orissa, Índia. Ethnobotany 8:60-65.

Mohmood T. 2012. Conhecimento indígena para o tratamento de doenças de pele em Madhya Pradesh, Índia. Folhetos de Ciências da Vida 4:69-74.

Mukherjee A. e Namhata D. 1990. Medicinal plant lore of the tribals of Sundargarh district, Orissa. Ethnobotany 2:57-60.

Mukherjee SK, Bhujel RB, Pradhan JP e Rai S. 2000. Ethnomeidcinal plants of tribals of Bankura district, West Bengal, India. J Econ Taxon Bot 24:385-394.

Murad W, Ahmad A, Ishaq G, Khan MS, Khan AM, Ullah I e Khan I. 2012. Estudos etnobotânicos sobre os recursos vegetais da floresta de Hazar Nao, distrito de Malakand, Paquistão. Pak J Weed Sci Res 18(4):509-527.

Muralidhar Rao D e Pullaiah T. 2001. Estudos etno-médico-botânicos no distrito de Guntur de Andhra Pradesh, Índia. Ethnobotany 13:40-44.

Murugesan M e Balasubramaniam V. 2007. Diversidade etno-médico-botânica de Irulas nas colinas de Velliangiri, distrito de Coimbatore, Tamil Nadu, Índia. J NTFPs 14:105-110.

Nadanakunjidam, S e S. Abirami 2005. Estudo comparativo dos conhecimentos médicos tradicionais das regiões de Pondicherry e Karaikal no Território da União de Pondicherry. Ethnobotany 17: 112117.

Nagaraju N e Rao KN. 1989. Medicina popular para diabetes de Rayalaseema de Andhra Pradesh. Ancient Science Life 9:3135.

Nath KK, Dka P e Borthakur SK. 2011. Remédios tradicionais para doenças das articulações em Assam. Jornal Indiano do Conhecimento Tradicional 10:568-571.

Nath KK, Dka P e Borthakur SK. 2011. Remédios tradicionais para doenças das articulações em Assam. Jornal Indiano do Conhecimento Tradicional 10:568-571.

Nayak S, Behera SK e Misra MK. 2004. Levantamento etnomédico-botânico do distrito de Kalahandi de Orissa. Indian Journal of Traditional Knowledge. 3:72-79.

Nilay Kumar e Chauhan NS. 2007. Estudos etnobotânicos da área de Nahan, Distrito de Sirmour, Himachal Pradesh. J. NTFPs. 14:307-312.

Nistewar K e Kumar KA. 1983. An equity in folklore medicine of Addateegala agency tract of East Godavari district of Andhra Pradesh, India. Vagha bhata 1:43-44.

Omoruyi BE, Bradley G e Afolayan AJ. 2012. Levantamento etnomedicinal de plantas medicinais utilizadas para a gestão da infeção por VIH/SIDA entre as comunidades locais de Nkonkobe Muncipality, Eastern Cape, África do Sul. Jornal de Investigação sobre Plantas Medicinais 6(19):3603-3608.

Ong HC e Norzalina J. 1999. Fitoterapia 70:10-14, Fitoterapia malaia em Gemencheeh, Hegrisembilan, Malásia.

Ong, H.C, Ruzalila BN e Milow P. 2011. Conhecimento tradicional de plantas medicinais entre os aldeões malaios em Kampung Tanjung Sabtu, Terengganu, Malásia. Indian Journal of Traditional Knowledge 10:460-465.

Packer J, Brouwer N, Harrington D, Gaikwad J, Heron R et al. 2012. Um estudo etnobotânico de plantas medicinais usadas pela comunidade aborígene Yaegl no norte de Nova Gales do Sul, Austrália. Journal of Ethnopharmacology 139(1):244-255.

Padal SB e Vijayakumar Y. 2013. Conhecimento tradicional da tribo Valmiki de G. Madugula mandalam, distrito de Visakhapatnam, Andhra Pradesh. IJIRD 2(6):728-738.

Padal SB, B Sandhya Sri e K Satyavathi. 2014. Um levantamento botânico etno-médico de plantas na região costeira norte de Andhra Pradesh, Índia. Malaya Journal of Biosciences 1(3):201-206.

Padal SB, Chandrasekhar P e Vijayakumar Y. 2013. Usos etnomedicinais de algumas plantas da família Fabaceae da divisão Narsipatnam, distrito de Visakahapatnam, Andhra Pradesh, Índia. IJIRD 2(6):809- 822.

Padal SB, Devender R e Ramakrishna H. 2014. Diversidade de plantas etnomedicinais do vale Araku de Visakhapatnam, Andhra Pradesh, Índia. BIOINFOLET - A Quality Journal of Life Sciences 10(4a):1160-1165.

Padal SB, Prayaga Murthy P, Srinivasa Rao D e Venkaiah M. 2010. Plantas etnomedicinais da divisão de Paderu do distrito de Visakhapatnam, A. P., Índia. Journal of Phytology 2(8):(70-91).

Padal SB, Sandhya B e Satyavathi K. 2014. Um levantamento botânico etno-médico de plantas na região litoral norte de Andhra Pradesh, Índia. Malaya Journal of Biosciences 1(3):201-206.

Padal SB, Satyavathi K e Sandhradeepika D. 2014. Plantas etnomedicinais usadas para anti-helmíntico/helmitíase no distrito de Visakhapatnam, Andhra Pradesh, Índia. Revista Internacional de Etnobiologia e Etnomedicina 1(2):1-5.

Padal SB, Vathi K Sathya e Sandhyasri B. 2013. Pesquisa etnomedicinal para plantas importantes de gudem kotha veedi mandalam, distrito de Visakhapatnam, Andhra Pradesh, Índia. Revista Internacional Zenith de Investigação Multidisciplinar 3(6):175-181.

Padal SB, Venkaiah M, Chandrasekhar P e Vijayakumar Y. 2013. Fitoterapia tradicional do distrito de Vizianagaram, Andhra Pradesh, Índia. JOSR Journal of Pharmacy 3(6):41-50.

Pal DC e Benerjee DK. 1971. Alguns alimentos vegetais menos conhecidos entre as tribos dos estados de Andhra Pradesh e Orissa. Bull Bot Sur India 13:221-223.

Panda T e Padhy RN. 2008. Plantas etnobotânicas utilizadas pelas tribos do distrito de Kalahandi, Orissa. Indian Journal of Traditional Knowledge 7:242-249.

Panthi MP e Chaudhary RP. 2003. Recursos vegetais etnomedicinais do distrito de Arghakanchi, Nepal Ocidental. Ethnobotany 15:71-86.

Parveen Z e Shrivastava RM. 2012. Biodiversidade da Índia para a promoção global da medicina herbal: A potent opportunity to boost the economy. Jornal Indiano de Ciências Vegetais (3):137-143.

Pawar S e Patil DA. 2006b. Folk remedies against rheumatic disorders in Jalgaon district, Maharashtra (Remédios populares contra doenças reumáticas no distrito de Jalgaon, Maharashtra). Indian Journal of Traditional Knowledge 5:314-316.

Powers S. 1873-1874. O lugar da etnobotânica na droga etnofarmimética. Actas da Ciência Académica da Califórnia 5:373-379.

Prabhu M e Kumuthakalavalli R. 2012. Remédios populares de plantas medicinais para mordidas de cobra, picadas de escorpião e mordidas de cão em ghats orientais de kolli hills, Tamil Nadu, Índia. IJRAP 3(5):696-700.

Pragada PM, Rao Ds e Venkaiah M. 2012. Estudo de algumas plantas etnomedicinais para o tratamento da disenteria da costa norte de Andhra Pradesh, Índia. Revista Internacional de Biociências 2(1):18-24.

Prakash JW, Anpin Raja RD, Asbin Anderson G, Christhudhas Williams, Regini S, Bensar K, Rajeev R, Kiruba S, Jeeva S e Das SSM. 2008. Agasthiyarmalai biosphere reserve, Southern Western Ghats. Indian J Trad Knowl 7:410-413.

Prakasha H. M., M. Krishnappa, Y. L. Krishnamurthy e S. V. Poornima 2010. Medicina popular de NR Pura taluk no distrito de Chikmagalur de Karnataka. Indian J. Trad. Knowl. 9: 55-60.

Praveen Kumar S, Chauhan NS e Brij Lal. 2005. Estudos sobre o conhecimento indígena associado às plantas entre os Malanis do distrito de Kullu, Himachal Pradesh. Indian Journal of Traditional Knowledge 4(4):403-408.

Punjani BL. 2010. Medicamentos populares à base de plantas utilizados para queixas urinárias em bolsas tribais do Nordeste de Gujarat. Indian Journal of Traditional Knowledge 9:126-130.

Rahman MA, Uddin SB e Wilcock CC. 2007. Plantas medicinais utilizadas pela tribo Chakma nos distritos de Hill tracts do Bangladesh. Indian Journal of Traditional Knowledge 6(3):508-517.

Rahman S, Shahriar H, Chowdhury H, Uddin P, Amin A, Rahman M, Bhuiyan T e Azad AK. 2014. Análise etnomedicinal comparativa do uso de plantas medicinais de um praticante de medicina popular do distrito de Meherpur, Bangladesh. World J of Phar and Pharm Sci 3(11):25-37.

Rajadurai M, Vidhya VG, Ramya M, Bhaskar A. 2009. Plantas etnomedicinais utilizadas pelos curandeiros tradicionais de Pachamalai Hills, Tamilnadu, Índia. Ethnomedicine 3(1):39-41.

Rajasekhar D, Balaji Rao NS e Chengal Raju D. 1997. Alegações populares de Sugalis de Andhra Pradesh para o tratamento da paralisia. Ciência Antiga Vida 17:107-110.

Rajasekharan, S, Pushpangadan, P e SD Biju. 1996. Folk medicine of Kerala: A study on native traditional folk healing art and its practitioners, pp. 167-172. Ethnobiology in Human welfare (ed) SK Jain, Deep Publications, New Delhi.

Rajasekharn S, Pushpangadon P, Ratheesh kumar PK, Jawahar CR, Nayar CPR e Sarada Amma L. 1989. Estudos etno-médico-botânicos de Cheriya Aayan e Vatiya Aaryan (*Aristolochia indica* L, *A. tagala* Cham). Ciência Antiga Vida 9:99-106.

Rajendran SM, Chandra Sekhar K e Sundaresan V. 2001. Conhecimento etnomedicinal das colinas de Seithur - Ghats ocidentais do sul, Tamil Nadu. Ethnobotany 13:101-109.

Rajendran SM, Chandra Sekhar K e Sundaresan V. 2002. Ethnomedicinal lore of Valaya tribals in Seithur Hills of Virudhnagar district, Tamil Nadu. Indian Journal of Traditional Knowledge. 1:59-71.

Raju MP, Prasanthi S e Seetharami Reddy TVV. 2010. Plantas medicinais na medicina popular para doenças femininas em uso Konda Reddis. Indian J Trad Knowl (no prelo).

Raju VS e Reddy KN. 2005. Ethnomedicine for dysentery and diarrhoea from Khammam district of Andhra Pradesh. Indian Journal of Traditional Knowledge. 4:443-447.

Rama Rao N e Henry AN. 1996. The ethnobotany of Easter Ghants in Andhra Pradesh, India, Botanical Survey of India, Kolkata.

Rama Rao Naidu BVA, Seetharami Reddi TVV e Prasanthi S. 2008. Remédios populares à base de plantas para a artrite reumatoide no distrito de Srikakulam de Andhra Pradesh. Ethnobotany 20:76-79.

Rama Rao Naidu BVA, Seetharami Reddi TVV e Prasanthi S. 2009. Plantas etnomedicinais utilizadas como antipirético pelo povo tribal do distrito de Srikakulam, Andhra Pradesh. J NTFPs 16:55-60.

Rama Rao R e Naidu BVA. 2002. Ethnomedicine from Srikakulam district, Andhra Pradesh, India (Dissertação) Visakhapatnam, Andhra University.

Ramesh Kumar M e D Janagam. 2011. Padrão de exportação e importação de plantas medicinais na Índia. Jornal Indiano de Ciência e Tecnologia 4(3):245-248.

Ramya S, Rajasekaran C, Siva perumal R, Krishnan A e Jayakumararaj. 2008. Perspectivas etnomedicinais de plantas utilizadas pelas tribos Malayali nas colinas Vattal de Dharmapuri (TN) Índia. Ethnobotanical Leaflets 12:1054-1060.

Rao BNS, Rajasekhar D, Raju DC e Naga Raju N. 1996. Notas etnomedicinais sobre algumas plantas das colinas de Tirumala para doenças dentárias. Ethnobotany 8:88-91.

Rao DS, Rao VS, Murthy PP, Rao GMN e Rao YV. 2015. Algumas plantas etno-medicinais da área do bosque sagrado de Parnasala Ghats orientais do distrito de Khammam, Telangana, Índia. J Pharm Sci and Res 7(4):210-218.

Rao JK e Seetharami Reddi TVV. 2010 b. Tuberous medicinal plants of certain tribal people in Andhra, India Journal of Tropical Medicinal Plants 11:125-130.

Rao JK, Manikyam P e Seetharami Reddi TVV. 2011a. Algumas bebidas indígenas interessantes entre os grupos tribais primitivos do distrito de Viakhapatnam, Andhra Pradesh. J.NTFPs. 18:153-156.

Rao JK, Prasanthi S e Seetharami Reddi TVV. 2011b. Etnomedicina para a iterícia utilizada pelos grupos tribais da zona litoral norte, Andhra Pradesh. Jornal de Plantas Tropicais e Medicinais. 12:107-114.

Rao MKV e Shampru R. 1981. Some plants in the life of Garos of Meghalaya. Glimpses of Indian Ethnobotany (SK Jain ed) Oxford e IBH publishing co New Delhi pp 153-160.

Rao RR e Jamir NC. 1982 a. Ethnobotanical studies in Nagland I. Medicinal Plants. Econ Bot 36:176-181.

Rao RR e Jamir NC. 1982 b. Ethnobotanical studies in Nagland IV. 54 Plantas medicinais utilizadas pelos Nagas. J Econ Bot 3:11-17.

Rao RR. 1989. Ethnobotanical studies in Meghalaya, some interesting reports of herbal medicines In: SK Jain (Ed) Methods and Approaches in Ethnobotany pp 39-47.

Rao VLN, Busi BR, Dharma Rao B, Seshagiri Rao CH, Bharathi K e Venkaiah M. 2006. Ethnomedicinal practices among Khonds of Visakhapatnam district, Andhra Pradesh (Práticas etnomedicinais entre Khonds do distrito de Visakhapatnam, Andhra Pradesh). Indian Journal of Traditional Knowledge 5: 217-219.

Rao VLN, Busi BR, Seshagiri Rao Ch, Bharathi K e Venkaiah M. 2010 b. Ethnomedicinal study among savaras of Srikakulam district, Andhra Pradesh, India. Indian J Trad Knowl 9:166-168.

Rawat MS, Rama Shankar e Singh VK. 1997. Notes on the ethnobotany of the Monpa tribe of Tawang district (Arunachal Pradesh). Bull. Med Ethnobotanical Res 18:1-11.

Ray S, Sheikh M e Mishra S. 2011. Plantas etnomedicinais utilizadas pelas tribos da região de East Nimar, Madhya Pradesh. Indian Journal of Traditional Knowledge 10:367-371.

Reddi TVVS. 2011. Sabedoria medicinal popular de Konda Reddis para problemas ginecológicos. Heritage Amruth 7:19-21.

Reddy KN, Trimurthulu G e Sudhakar Reddy Ch. 2010. Plantas utilizadas pela população étnica do distrito de Krishna, Andhra Pradesh, Índia. Indian J Trad Knowl 9:313-317.

Reddy MB, Reddy KR e Ram Reddy MN. 1988. Uma pesquisa de plantas das tribos Chenchu de Andhra Pradesh, Índia. Int J Crude drugs Res 26:197-207.

Rivers WHR. 1924. Medicine, magic and Religion (Medicina, magia e religião), Londres: Routledge

Rodrigues E e Carlini EA. 2004. Plantas utilizadas por um grupo quilombola no Brasil com potenciais efeitos no sistema nervoso central. Fitoterapia 18:748-753.

Rolla RS. 1964. Observações sobre a vegetação dos sectores das agências Rampa e Gudem dos Ghats Orientais II. JBNHS 61:303329.

Sahoo AK e Mudgal V. 1995. Usos etnobotânicos menos conhecidos de plantas do distrito de Phulbani, Orissa, Índia. Ethnobotany 7:63-67.

Sankarasivaraman K e Ignacimuthu S. 2006. Plantas etnomedicinais utilizadas pela tribo Paliyar no distrito de Madhurai, Tamil Nadu, Índia. In:Herbal Medicine: Traditional practices pp. 122-132.

Sarma, A., S. Singh, K. Haridarsan e S.K. Borthakur 2001. Ethnomedicinal uses of certain Plants of West Kameng and Tawang district, Arunachal Pradesh-A Preliminary Account. Nat. Sem. on Traditional Knowledge based on Herbal Medicines and Plant Resources of North East India, Protection, Utilisation and Conservation, Guwahati, Assam, India. pp. 27.

Satapathy KB e Brahmam M. 1999. Algumas reivindicações fitoterapêuticas interessantes das tribos do distrito de Jaipur, Orissa, Índia. J Econ Taxon Bot Adds Ser 10:241-249.

Saxena AP e Vyas KM. 1981. Registos etnobotânicos sobre doenças infecciosas de tribos do distrito de Banda, Uttar Pradesh, Índia. J Econ Tax Bot 2:191-194.

Schultes RE. 1960. Tapping our heritage of ethnobotanical lore. Botânica Económica 14:257-262.

Schultes RE. 1962. Explorando o nosso património de conhecimento etnobotânico. Econ. Bot. 14:257-262.

Seetharami Reddi TVV, Suneetha J, Prasanthi S e Rama Rao Naidu BVA. 2009 a. Utilizações etnomedicinais de plantas como nefroprotectores do folclore dos Ghats Orientais de Andhra Pradesh, Índia. J Trop Medicinal plants 10:257-266.

Seetharami Reddi TVV, Suneetha J, Prasanthi S e Ramarao Naidu BVA. 2009 b. Utilizações medicinais tradicionais para doenças sexualmente transmissíveis pelos adivasis de Eastern Ghats, Andhra Pradesh. Índia. Journal of Tropical Medicinal Plants. 10:105-112.

Sen SK e Behera LM. 2003. Plantas etnomedicinais utilizadas contra doenças de pele no distrito de Bargarh em Orissa. Ethnobotany 15:9096.

Shah NC e Singh SC. 1990. Usos fitoterapêuticos até agora não registados de bolsas tribais de Madhya Pradesh (Índia). Ethnobotany 2:91-95.

Shanavaskhan AE, Sivadasan M, Alfarhan AH e Thomas J 2012. Aspectos etnomedicinais de epífitas angiospérmicas e parasitas de Kerala, Índia. Indian Journal of Traditional Knowledge 11(2):250-258.

Sharma A, Meena A e Meena R. 2012. Atividade antimicrobiana de extractos de plantas de Ocimum tenuiflorum. Jornal Internacional de Investigação em Tecnologia Farmacêutica 4(1):176-180.

Sharma PP e Singh NP. 2001. Ethnomedicinal uses of some edible plants in Dadra Ngar Haveli and Daman (U.T). Ethnobotany 13:121-125.

Sheldon JW, Balick MJ e Laird SA. 1997. Plantas Medicinais: Can Utilization and Conservation Coexist? Avanços em Botânica Económica 12:1-104.

Siddiqui MB e Hussain W. 1994. Plantas medicinais de uso corrente na Índia, com especial referência ao distrito de Sitapur (U.P.). Fitoterpia 65:3-6.

Sikarwar RLS. 2002. Ethnogynaecological uses of plants new to India. Ethnobotany 14:112-115.

Silija VP, Varma KS e Mohana KV. 2008. Etnomedicinal plant knowledge of the Mullu kuruma tribe of Wayanad district, Kerala, IJTK 7:604-612.

Singh AG, Kumar A e Tewari DD. 2012. An ethnobotanical survey of medicinal plants used in Terai forest of western Nepal [Um levantamento etnobotânico de plantas medicinais utilizadas na floresta Terai do Nepal ocidental]. Jornal de Etnobiologia e Etnomedicina 8(19):1-19.

Singh AK, Singh RN e Singh SK. 1987. Algumas plantas etnobotânicas da região de Terai do distrito de Gorakpur, Uttar Pradesh, Índia. J Econ Tax Bot 9:407-410.

Singh BH, Hynniewta TM e Bora PJ. 1997. Estudos etno-médico-botânicos em Tripura, Índia. Ethnobotany 9:56-58.

Singh EA, Kamble SY, Bipinraj NK, Jagtap SD. 2012. Planta medicinal usada pelas tribos thakar do distrito de Raigad, Maharashtra, para o tratamento de picada de cobra e picada de escorpião. Int J Phytotherpy Res 2(2):26-35.

Singh KK e Maheshwari JK. 1989. Traditional herbal remedies among the Tharus of Bahraich district, U.P., India. Ethnobotnay 1:51-56.

Singh KK e Maheswari JK. 1994. Fitoterapia tradicional de alguns medicamentos utilizados pelos Tharus do distrito de Nainital, Uttar Pradesh, Índia. Int J Pharmacognosy 32:51-58.

Siwakoti M e Siwakoti S. 2000. Ethnomedicinal uses of plants among the Satar tribe of Nepal. Journal of Economics and Taxonic Botany 24:323-333.

Srivastava A, Patel SP, Mishra RK, Vashistha RK, Singh A e Puskar AK. 2012. Importância etnomedicinal das plantas da região de Amarkantak, Madhya Pradesh, Índia. Jornal Internacional de Plantas Medicinais e Aromáticas 2(1):53-59.

Srivastava SK e Chandra Sekar K. 2004. Etnomedicina do Parque Nacional de Pin Valley, Himachal Pradesh: Plantas utilizadas no tratamento da disenteria. Ethnobotany 16:62-63.

Sudarsanam G e Balaji Rao NS. 1994. Plantas medicinais utilizadas pela tribo Yanadi do distrito de Nellore, Andhra Pradesh, Índia. Bull. Pure Appl Sci 13:65-70.

Suneetha J, Prasanthi S, Ramarao Naidu BVA e Seetharami Reddi TVV. 2011. Fitoterapia indígena para fracturas ósseas dos Ghats Orientais, Andhra Pradesh. Jornal Indiano do Conhecimento Tradicional 10:550-553.

Suneetha J, Prasanthi S, Ramarao Naidu BVA e Seetharami Reddy TVV. 2010. Fitoterapia indígena para fracturas ósseas dos Ghats Orientais, Andhra Pradesh. Indian J Trad Knowl (no prelo).

Suneetha J, Seetharami Reddi TVV e Prasanthi S. 2009 a. Fitoterapia tradicional para morduras no distrito de East Godavari (Andhra Pradesh). Ethnobotany 21:75-79.

Suneetha J, Seetharami Reddi TVV e Prasanthi S. 2009 b. Plantas etnomedicinais recentemente registadas do distrito de East Godavari (Andhra Pradesh) para queixas ginecológicas. Proc A.P Academic of Sciences 13:111-119.

Tarafder CR e Jain SK. 1963. Native plant remedies for snake bite among the adivasis of Central India. *Indian Medical Journal*. 57, 307-309.

Tarafder CR. 1983 a. Etnoginecologia em relação às plantas-I. Plantas usadas para antifertilidade e conceção. J. Econ. Taxon. Bot. 4:483-490.

Tarafder CR. 1983 b. Etnoginecologia em relação às plantas - II. Plantas usadas no aborto. Revista de Botânica Económica e Taxónica 4:507-516.

Thulsi Rao K, Reddy KN, Pattanaik C e Sudhakar Reddy Ch. 2007. Importância etnomedicinal das pteridófitas utilizadas pelos chenchus de Nallamais, Andhra Pradesh, Índia. Ehnobotanical Leaflets 11:6-10.

Tiwari VJ e Padhye MD. 1993. Estudo etnobotânico da tribo gono do distrito de Chadrapur e Gedehiroli de Maharashtra, Índia. Fitoterapia 64:1-5.

Topno S e Gosh TK. 1999. Correlação de usos de plantas medicinais por tribos de Chotanagpur com outras tribos da Índia. J Econ Bot 23:143-146.

Udayan PS, Satheesh George, Tushar KV e Indira Bala Chandran. 2007 b. Ethnomedicine of Mala Pandaram tribes of Achetovil forest of Kollam district, Kerala, Indian J Trad Knowl 6:569-573.

Udayan PS, Satheesh George, Tushar KV e Indira Bala Chandran. 2005. Ethnomedicine of the Chellipale community of Namakkal district, Tamil Nadu, India (Etnomedicina da comunidade Chellipale do distrito de Namakkal, Tamil Nadu, Índia). Indian J Trad Knowl 4:437-442.

Udayan PS, Tushar KV, Satheesh George e Indira Bala Chandran. 2007 a. Informação etnomedicinal das tribos Kattunayakas do santuário de vida selvagem de Mudumalai, distrito de Nilgiris, Tamil Nadu. Indian J Trad Knowl 6:574-578.

Uddin MS, Chakma JJ, Alam KMM e Uddin SB. 2015. Estudos etno-médicos sobre os usos da planta na comunidade Chakma do distrito de Khagrachari, Bangladesh. Jornal de Estudos de Plantas Medicinais 3(1):10-15.

Upadhye AS, Vortak VO e Kumbhojkar MS. 1994. Estudos etnomédicos e botânicos em Maharashtra Ocidental, Índia. Ethnobotany 6:25-31.

Varma SK. 1997. Estudos comparativos sobre medicamentos populares das tribos de Chotanagpur e Santhal Paragana de Bihar, Índia. Ethnobotany 9:70-76.

Vedavathy S e Mrudula V. 1996. Medicina popular à base de plantas dos Yanadis de Andhra Pradesh. Ethnobotany 8:109-111.

Vedavathy S, Sudhakar A e Mrudala V. 1997. Plantas medicinais tribais do distrito de Chittoor, Andhra Pradesh, Índia. Ciência Antiga Vida 16:307-330.

Venkatrathnam K e Venkata Raju RR. 2005. Folk medicine used for common women ailments by Adivasis in the Eastern Ghats of Andhra Pradesh, India. Indian J Trad Knowl 4:267-270.

Verma PA, Khan A e Singh KK. 1995. Fitoterapia tradicional entre a tribo Baiga do distrito de Shahdol de Madhya Pradesh. Índia. Ethnobotany 7:69-73.

Verma, S e N. S. Chauhan 2006. Estudos sobre etno-medico-botânica da divisão florestal de Kunihar, distrito de Solan, Himachal Pradesh. Ethnobotany 18: 160-165.

Vidyanathan D, Salai Senthilkumar MS e Ghouse Basha M. 2013. Estudos sobre plantas etnomedicinais usadas por tribais malayali em Kolli hills of Eastern ghats, Tamilnadu, Índia, Asian Journal of Plant Science and Research 3(6):29-45.

Vijayakumar R e Pullaiah T. 1998. Plantas medicinais utilizadas pelas tribos do distrito de Prakasam, Andhra Pradesh, Índia. Ethnobotany 10:97-102.

Viswanathan MB, Prem Kumar EH e Ramesh N. 2001. Ethnomedicines of Kanis in Kalakkad-Mundanthurai Tiger Reserve, Tamil Nadu. Ethnobotany 13:60-66.

Riqueza da Índia: Raw Materials, Vols. 1-11, 1948-76. Conselho de Investigação Científica e Industrial, Nova Deli.

Xavier FT, Rose AF e Dhivya M. 2011. Inquérito etnomedicinal da tribo Malayali nas colinas de Kolli dos Ghats Orientais de Tamil Nadu, Índia. Jornal Indiano do Conhecimento Tradicional 10:559-562.

Yasodharan K e Sujana KA. 2007. Ethnomedicininal knowledge among Mala malasar tribe of Parambikulam wildlife sanctuary, Kerala, Indian J Trad Knowl 6:481-485.

Yogendra kumar, Fancy Scarlet e Rao RR. 1987. Contribuição adicional para a etnobotânica das plantas de Meghalaya utilizadas por War Jaintia do distrito de Jaintia hills. Indian J Econ Tax Bot 11:6570.

Zank S, Peroni N, Araujo E e Hanazaki N. 2015. Práticas locais de saúde e o conhecimento de plantas medicinais em uma região semiárida brasileira: benefícios ambientais para a saúde humana. Revista de etnobiologia e etnomedicina 11:1-11.

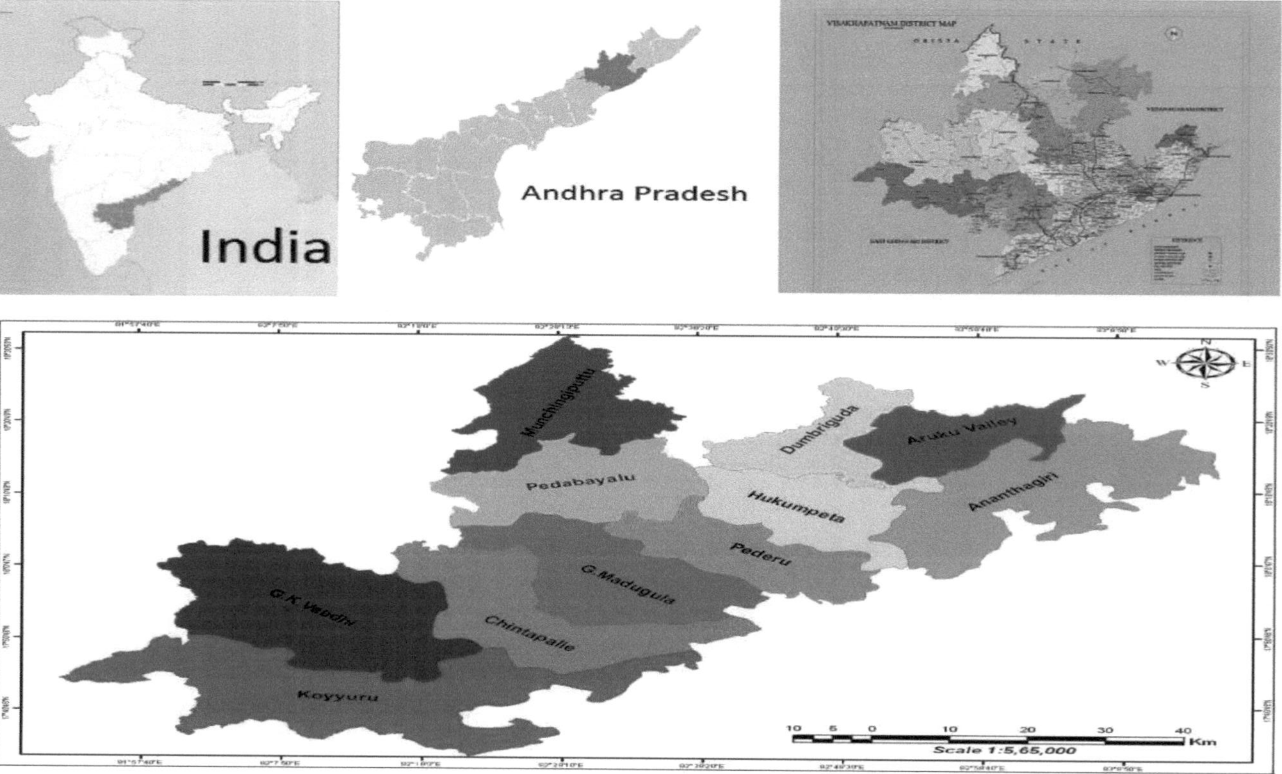

Fig. 1.1. Área de estudo

Andrograhis paniculata Burm.f

Bacapo monneri L.

Bauhinia racemosa Lam.

Bridelia retusa L.

Caesalpinia bonducella L.

Capparis zeylanica L.

Cardiospermum halicacabum L.

Cassia absus L.

Chlorozylon swietenia *DC.*

Celastrus paniculatus *Wild.*

Desmodium gangeticum L.

Diospyros chlorozylan Roxb.

Erythrina suberosa Roxb.

Eugenia bracteata Wild.

Euphorbia hirta L.

Grewia tillifolia Vahl.

Helicteres isora L.

Hugonia mystax L.

Manilkara hexandra Roxb.

Memecylon umbellatum Burm.

Olax scandens Roxb.

Polyalthia cerasoides Roxb.

Tephrosia hirta L.

Zornia diphylla L.

I want morebooks!

Buy your books fast and straightforward online - at one of world's fastest growing online book stores! Environmentally sound due to Print-on-Demand technologies.

Buy your books online at
www.morebooks.shop

Compre os seus livros mais rápido e diretamente na internet, em uma das livrarias on-line com o maior crescimento no mundo! Produção que protege o meio ambiente através das tecnologias de impressão sob demanda.

Compre os seus livros on-line em
www.morebooks.shop

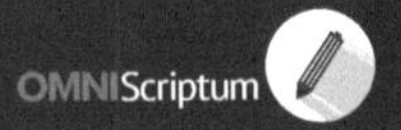

Printed by Books on Demand GmbH, Norderstedt / Germany